高等职业院校"十三五"规划教材

二维动画制作案例教程
（Flash CS6+万彩动画大师+H5）

潘兰慧　卢冰玲　主　编

李奕欣　汤　懿　杨　予　副主编

李小红　谭桂华

黄治乔　主　审

中国铁道出版社有限公司
CHINA RAILWAY PUBLISHING HOUSE CO., LTD.

内 容 简 介

Flash 是目前应用最广泛的动画制作软件之一。本书采用案例教学方式，通过大量案例全面介绍了 Flash 的功能和应用技巧。全书共分 10 章，主要内容包括 Flash 动画制作基础、Flash CS6 强大的绘图功能、基本动画类型的制作、高级动画类型的制作、制作 Flash 文本动画、动画中元件的应用、声音和视频、ActionScript 的应用、综合实例（介绍了万彩动画大师软件应用）以及 H5 简介。

本书本着加强基础、提高能力、重在应用的原则编写，操作步骤详细。学生通过本书的学习，可以尽快掌握动画制作基础知识，具备较好的计算机动画制作应用能力，为以后的学习提高和实际应用打下基础。

本书概念准确、内容翔实、图文并茂、通俗易懂、便于自学，有利于学生快速掌握动画制作的基本技能，提升动画制作综合应用能力。

本书适合作为高等职业院校以及各类动画设计培训机构的专业教材，也可供广大初、中级动画制作爱好者自学使用。

图书在版编目（CIP）数据

二维动画制作案例教程 : Flash CS6+ 万彩动画大师 +H5 / 潘兰慧，卢冰玲主编 . —北京 : 中国铁道出版社有限公司，2019.8（2024.7重印）
高等职业院校"十三五"规划教材
ISBN 978-7-113-25947-1

Ⅰ . ①二… Ⅱ . ①潘… ②卢… Ⅲ . ①动画制作软件 - 高等职业教育 - 教材 Ⅳ . ① TP391.414

中国版本图书馆 CIP 数据核字 (2019) 第 153435 号

书　　名：**二维动画制作案例教程**（Flash CS6+ 万彩动画大师 +H5）
作　　者：潘兰慧　卢冰玲

策　　划：朱荣荣　尹　鹏　　　　　　　　编辑部电话：（010）63551006
责任编辑：王春霞　包　宁
封面设计：刘　颖
责任校对：张玉华
责任印制：樊启鹏

出版发行：中国铁道出版社有限公司（100054，北京市西城区右安门西街 8 号）
网　　址：https://www.tdpress.com/51eds/
印　　刷：三河市兴博印务有限公司
版　　次：2019 年 8 月第 1 版　2024 年 7 月第 8 次印刷
开　　本：787 mm×1 092 mm　1/16　印张：14.5　字数：353 千
书　　号：ISBN 978-7-113-25947-1
定　　价：59.80 元

随着社会的发展，传统的教育模式已经难以满足就业的需要。一方面，大量的毕业生无法找到满意的工作；另一方面，用人单位却在感叹无法招到符合岗位要求的人才。因此，积极推进教学形式和内容的改革，从传统的偏重知识的传授转向注重就业能力的培养，并让学生有兴趣学习，轻松学习，已经成为大多数职业院校的共识。

教育的改革首先是教材的改革。为此，我们走访了众多中、高等职业院校，与许多教师探讨当前教育面临的问题和机遇，聘请具有丰富教学经验的一线教师编写了这本以案例驱动的教材。

本书特色

（1）精心设计体系，融入中华优秀传统文化元素

文化是民族的血脉，是人民的精神家园。文化自信是更基本、更深层、更持久的力量。中华文化独一无二的理念、智慧、气度、神韵，增添了中华民族内心深处的自信和自豪。本书尝试将中华优秀传统文化之立德树人故事、教育故事融入二维动画教学过程中，为建设社会主义文化强国，增强国家文化软实力，实现中华民族伟大复兴的中国梦奠定坚实的基础。

（2）精心设计体例，满足现代教学需要

本书使用以案例为驱动的教学模式，除第 1 章外按照"情境导入—案例说明—相关知识—案例实施"的思路编排。

大多数案例采用"情境导入"引入中华优秀传统文化故事，解释故事中的立德树人道理，然后通过"案例说明"解释案例实现的效果，通过"相关知识"让学生系统地学习动画制作软件的相关功能，通过"决策分组"参照德国"双元制"教育理念，以学生为中心，以学生自主学习为主要教学模式，通过"案例实施"让学生制作精心设计的案例，在实践中运用动画制作软件 Flash CS6 的相关功能。

（3）精心设计案例，增强学生学习兴趣

本书案例众多，每个案例都经过精心设计，具有操作简单、针对性强、设计精美、实用性强等特点，既能增强学生的学习兴趣，又能让学生在完成案例的过程中轻松掌握动画制作软件 Flash CS6 的相关功能和应用。

（4）精心安排内容，满足工作岗位需要

Flash CS6 的功能非常强大，但有许多功能在实际工作中很少用到，如果全部都讲，会耗费很多时间和精力，不利于教学和学习。为此，本书精心安排与实际应

用紧密相关的软件功能和案例，从而让读者能高效学习，而且能将学到的技能应用于未来的工作岗位，如制作网页广告、音乐 MTV、企业宣传动画等。

（5）精心安排知识点的讲解方式，方便学生理解和掌握

本书在讲解知识点时，力求做到语言精练，通俗易懂，图文并茂，并根据知识点的难易程度采用不同的讲解方式。例如，对于一些较难理解和掌握的功能，使用小例子的方式进行讲解，对于一些简单的功能则简单讲解。

此外，本书还对其他网络上流行的动画制作软件，如万彩动画、H5 等软件进行了简单介绍。

本书读者对象

本书适合作为高等职业院校以及各类动画设计培训机构的专业教材，也可供广大初、中级动画制作爱好者自学使用。

教学资源下载和使用

本书配有精美的教学课件、素材和微课等教学资源，读者可以从 http://www.tdpress.com/51eds/ 网站下载。

本书提供的素材文件、微课和案例文件按章分类。

本书的创作队伍

本书由潘兰慧、卢冰玲任主编，李奕欣、汤懿、杨予、李小红、谭桂华任副主编，全书由黄治乔主审，整体规划设计由罗忠可指导。各章节编写分工如下：第 1 章由李奕欣编写，第 2 章的案例 2-1、2-2、2-3 由李奕欣编写，案例 2-4、2-5、2-6、2-7 由杨予编写；第 3 章的案例 3-1、3-2、3-3、3-4、3-5、3-14 由潘兰慧编写，案例 3-6、3-9 由杨予编写，案例 3-7、3-8、3-10、3-11 由卢冰玲编写，案例 3-12、3-13 由谭桂华编写；第 4 章的案例 4-1、4-2、4-3、4-4、4-5 由卢冰玲编写，案例 4-6、4-7 由潘兰慧编写；第 5 章由李小红编写；第 6 章由汤懿编写；第 7 章由杨予编写；第 8 章由潘兰慧编写；第 9 章的案例 9-1、9-2 由汤懿编写，案例 9-3 由杨予编写；第 10 章由汤懿编写。

创作队伍工作单位

广西右江民族商业学校：潘兰慧、李奕欣、杨予、李小红、黄治乔、罗忠可。

南宁市第六职业技术学校：卢冰玲。

百色市民族中等工业中专学校：汤懿。

湖南省潇湘职业技术学院：谭桂华。

在本书编写过程中，参考了一些文献，在此向相关作者表示感谢！

由于编者的水平有限，书中难免存在不足和错漏之处，敬请广大读者批评指正。

编　者

2019 年 5 月

CONTENTS 目 录

第1章

Flash 动画制作基础

 学习目标

- 掌握 Adobe Flash CS6 软件的安装及卸载
- 掌握 Adobe Flash CS6 的启动与退出
- 了解 Adobe Flash CS6 的工作界面
- 掌握新建和编辑 Flash CS6 空白文档
- 学会制作简单的 Flash 动画
- 学会打开与保存 Flash 动画
- 简单了解 Adobe Flash CS6 的新增功能及命令

Flash是一款优秀的二维动画制作软件，Adobe Flash CS6在原来的基础上增加了更丰富的功能及命令，使Adobe Flash CS6成为动画制作和多媒体创作以及交互式设计网站的强大创作平台，在智能终端普及的现在，Adobe Flash CS6在台式计算机、平板电脑、智能手机和电视等多种设备中都能呈现出一致效果的互动体验。

Flash涉及的应用领域颇广，其中包括：娱乐短片、广告设计、Web界面、导航条制作、游戏、课件、MTV及其他。

Flash应用矢量图技术，占用内存空间较少，方便用户随时下载观看；强大的交互性使用户可以融入动画中，通过鼠标单击决定故事的发展方向；同时，Flash拥有强大的动画编辑功能，通过Action和FSCommand实现动画的交互性，提高动画的设计品质。

案例 1-1 Adobe Flash CS6 软件的安装

案例说明

如果计算机从未安装过Flash软件，用户只需要根据提示完成安装操作；如果计算机上已经安装了Flash软件，则会提示用户【是否覆盖原文件】，用户可根据自己的实际需要进行选择，尽量保留较高版本，同时，在安装之前关闭任何正在运行的Flash版本。

相关知识

安装Adobe Flash CS6的硬件要求

1）Windows 系统

- Intel Pentium 4 或 AMD Athlon 64 处理器。
- Windows XP SP3及以上操作系统。
- 2 GB 内存（推荐 3 GB及以上）。
- 3.5 GB 可用硬盘空间用于安装；安装过程中需要额外的可用空间（无法安装在可移动闪存设备上）。
- 1 024像素×768像素显示屏（推荐 1 280像素×800像素）。
- Java运行时环境1.6。
- DVD-ROM 驱动器。
- 多媒体功能需要 QuickTime 7.6.6 软件。
- Adobe Bridge 中的某些功能依赖于支持 DirectX 9 的图形卡（至少配备 64 MB VRAM）。

2）Mac OS系统

- Intel 多核处理器。
- Mac OS X 10.6 或 10.7 版。
- 2 GB 内存（推荐 3 GB及以上）。
- 4 GB 可用硬盘空间用于安装；安装过程中需要额外的可用空间（无法安装在使用区分大小写的文件系统的卷或可移动闪存设备上）。

- 1 024像素×768像素显示屏（推荐1 280像素×800像素）。
- Java运行时环境1.6。
- DVD-ROM驱动器。
- 多媒体功能需要QuickTime 7.6.6软件。

案例实施

（1）解压缩软件包（见图1-1），在调出的右键快捷菜单中选择【解压到当前文件夹(x)】命令，解压后出现一个安装包的文件夹，如图1-2所示。

（2）打开该文件夹，在安装之前请先阅读【安装说明】文档，如图1-3所示。

图1-1　Adobe Flash CS6压缩包

图1-2　Adobe Flash CS6安装文件夹

名称	^	修改日期	类型
Adobe Flash CS6		2013/11/18 19:03	文件夹
静默安装示例		2013/11/18 19:04	文件夹
QuickSetup.exe		2012/7/21 5:10	应用程序
安装说明.txt		2012/7/21 4:49	文本文档

图1-3　安装说明文档

（3）找到安装启动文件，双击安装启动文件Set-up.exe，开始安装。

（4）在安装界面，选择【试用】，如果选择【安装】则需要购买该软件获得序列号，如图1-4所示。

（5）接受Flash CS6协议，单击【下一步】按钮，打开【登录Adobe ID】界面，跳过此步骤。

（6）根据自己的需求，修改安装目录的位置，如图1-5所示。单击【安装】按钮即可开始安装。

图1-4　安装界面

图1-5　修改安装目录位置

（7）安装完成后双击桌面上的Adobe Flash CS6图标或选择【所有程序】中的Adobe Flash Professional CS6命令，检查其是否可以正常使用，如图1-6所示。

图1-6 桌面图标（左），【所有程序】菜单栏中的图标（右）

 小贴士

安装完成后，启动Flash CS6时如遇到图1-7所示错误，该如何解决？

图1-7 系统不兼容对话框

解决办法：右击桌面上的Flash图标，在弹出的快捷菜单中选择【属性】命令，弹出【Adobe Flash Professional CS6属性】对话框，选择【兼容性】选项卡，在【兼容模式】选项组中选择用户计算机当前使用的系统版本；在【设置】选项组中勾选【以管理员身份运行此程序】复选框即可使用该软件，如图1-8所示。

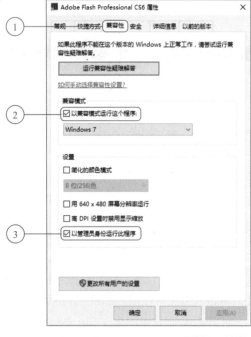

图1-8 【Adobe Flash CS6属性】对话框

案例 1-2 Adobe Flash CS6 软件的卸载

案例说明

当用户选择卸载Flash CS6软件时，常用方法有两种，不论选择哪种方法进行卸载，均涉及用户计算机上与该软件相关的文件的正常使用，所以在卸载之前务必考虑清楚。

案例实施

1．方法1——使用【控制面板】卸载

（1）单击【开始】按钮，打开【控制面板】窗口，选择【程序】|【卸载程序】命令，如图1-9所示。

图1-9 【卸载程序】对话框

（2）在【卸载或更改程序】对话框中，选择Adobe Flash CS6，单击【卸载/更改】按钮即可。

2．方法2——利用软件安装程序进行卸载

打开Adobe Flash CS6文件夹，双击安装启动文件Set-up.exe，在弹出的对话框中单击【卸载】按钮即可。

3．方法3——利用右键快捷菜单进行卸载

右击Adobe Flash CS6桌面图标，在弹出的快捷菜单中选择【强力卸载此软件】命令即可，如图1-10所示。

图1-10 利用右键快捷菜单卸载软件

案例 1-3　Flash CS6 的启动与退出

案例说明

在安装好Flash CS6软件后，用户根据使用频率，经常启动或是退出该软件，因此，需要用户在掌握常用的启动/退出操作外，还提供一些快捷方式方便用户使用。

相关知识

在很多应用软件中，快捷方式包括菜单及快捷键的使用。比如常用的复制（快捷键【Ctrl+C】）、粘贴（快捷键【Ctrl+V】）、剪切（快捷键【Ctrl+X】）命令，这些快捷方式能极大地提升用户体验。

案例实施

1. Flash CS6的启动

方法1：双击桌面图标█启动。

方法2：单击【开始】按钮，选择【所有程序】|【Adobe】|Adobe Flash CS6命令启动，如图1-11所示。

方法3：右击桌面图标█，在弹出的快捷菜单中选择【打开】命令。

2. Flash CS6的退出

方法1：单击菜单栏右上角的【关闭】按钮，如图1-12所示。

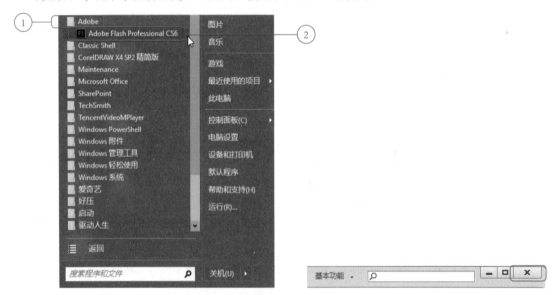

图1-11　在【开始】菜单中的Adobe Flash CS6　　　图1-12　标题栏上的【关闭】按钮

方法2：选择【文件】|【退出】命令，快捷键为【Ctrl+Q】，如图1-13所示。

方法3：双击窗口左上角的Flash CS6图标，如图1-14所示。

图1-13　【退出】命令

图1-14　利用图标退出软件

案例 1-4　Flash CS6 的工作界面

案例说明

启动Flash CS6后，单击欢迎窗口中的【新建】|【ActionScript 2.0】选项，即可进入Flash CS6的工作界面，如图1-15所示。Flash CS6的用户界面根据使用习惯不同，界面也是不同的，其中包括动画、传统、调试、设计人员、开发人员等7种界面，这里主要以传统界面为例进行讲解，如图1-16所示。

图1-15　Flash CS6的欢迎窗口

图1-16　Flash CS6的7种工作界面

相关知识

1. Flash CS6提供7种工作区

（1）基本功能工作区：默认的工作区。

（2）动画工作区：用于动画设计人员的使用。

（3）传统工作区：适应旧版本操作习惯的工作区。

（4）调试工作区：用于程序后期的调试测试工作。

（5）设计人员工作区：用于矢量图形的绘制。

（6）开发人员工作区：用于Flash脚本的开发。

（7）小屏幕工作区：用于开发iPhone等手持设备程序。

2．认识Flash CS6的工作界面

Flash CS6的工作界面如图1-17所示。由菜单栏、时间轴面板、工具面板、属性设置面板、场景（舞台）等组成。

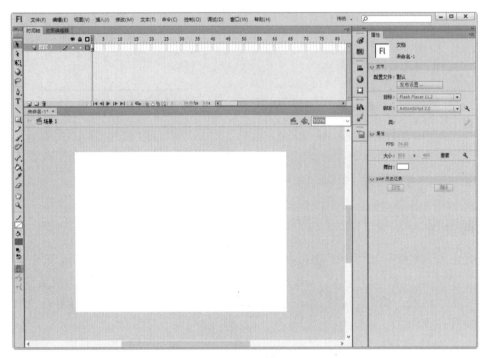

图1-17　Flash CS6的工作界面

（1）菜单栏。菜单栏放置了Flash CS6中常用的各种命令，包括文件、编辑、视图、插入、修改、文本、命令、控制、调试、窗口及帮助共11组菜单命令，如图1-18所示。

图1-18　Flash CS6菜单栏

（2）时间轴面板。Flash CS6中最重要的组成部分，其决定了动画的时长、动画效果等，如图1-19所示。

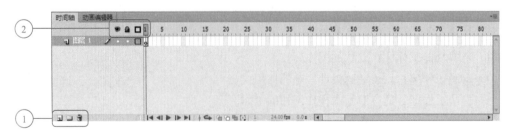

图1-19　时间轴工作面板

——新建图层。

——新建文件夹。

——删除（图层/文件夹）。

——显示或隐藏所有图层。单击某图层对应白色小点，只是显示或隐藏该图层，单击此图标则是显示或隐藏所有图层。

——锁定或解除锁定所有图层。单击某图层对应白色小点，只是锁定或解锁该图层，单击此图标则是锁定或解除锁定所有图层。

——将所有图层显示为轮廓。单击某图层对应轮廓图标，该图层所有元素仅显示轮廓图，无填充，单击此图标则将所有图层显示为轮廓。

时间帧：Flash中制作动画的关键因素，如图1-20所示。

图1-20　由许多时间帧组成的时间轴

传统动画是通过连续播放一系列静态画面实现动画效果，Flash动画亦如此，在时间轴线不同帧上放置不同的对象并进行相应设置，当播放时，这些时间帧之间形成连续效果变形成完整动画。

（3）工具面板。位于工作区的左侧，主要包含了绘图所需的各种工具和调整工具。有些工具按钮隐藏在同类型工具所附带的级联菜单中，如果工具按钮的右下角有黑色小三角为弹出式工具按钮，表示包含级联菜单，如图1-21所示。

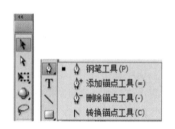

图1-21　工具面板（左），钢笔工具的级联菜单（右）

（4）属性设置面板。当选择使用某一工具后，属性栏中会显示该工具的属性设置。选取的工具不同，属性栏中的选项也不相同。这些属性设置面板也可以通过【窗口】菜单打开，如图1-22所示。

（5）场景（舞台）。用来放置各种元件、图形对象，放置在场景中的对象也是最终输出区域，如图1-23所示。

 小贴士

包括属性设置面板、工具栏、时间轴在内的常用窗口，如果用户不小心关闭掉，可以通过选择【窗口】菜单中的相应命令即可恢复窗格。

图1-22　属性面板（左），通过菜单栏命令打开属性面板（右）

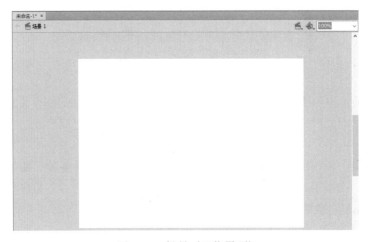

图1-23　场景（工作界面）

🦢案例实施

（1）在第1帧位置，用【矩形工具】绘制一个方形，并填充蓝色。

（2）在时间轴面板中单击选中第30帧，在右键快捷菜单中选择【插入关键帧】（F6）命令；

（3）在第30帧位置，用【椭圆工具】绘制一个圆形，并填充绿色。

（4）在第1帧到第30帧的时间轴上，在右键快捷菜单中选择【创建补间形状】命令，如图1-24所示。

图1-24　设置【创建补间形状】动画效果的时间轴

（5）回到第1帧的位置，播放动画，可以看到蓝色方形逐渐形变为绿色圆形，如图1-25所示。

图1-25　矩形，渐变形状，圆形

小贴士

　　用鼠标控制播放节奏，可以看到每到一帧的时候，图形及颜色都在慢慢地发生改变，当时间足够快的时候，即产生动画效果。

案例 1-5　新建和编辑 Flash 空白文档

案例说明

　　在同一个Flash文档中可以同时创建多个场景，场景之间的操作相互不影响。

案例实施

1. 新建Flash空白文档

　　方法1：在欢迎窗口中选择【新建】|【ActionScript 2.0】选项（见图1-15）。

　　方法2：在菜单栏中选择【文件】|【新建】命令，弹出【新建文档】对话框，选择【常规】选项卡，类型选择【ActionScript 2.0】，单击【确定】按钮即可，如图1-26所示。

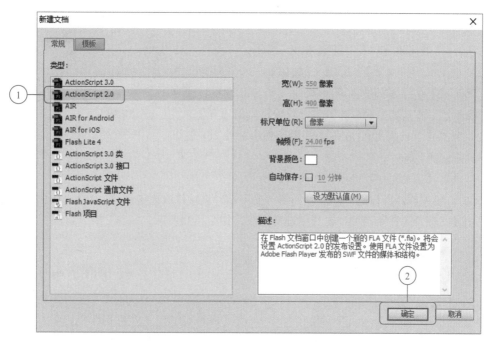

图1-26　【新建文档】对话框

　　方法3：借助快捷键【Ctrl+N】创建Flash空白文档。

　　另外，在Flash CS6中，提供了多种模板进行创作设计，用户可根据实际需要进行选择，如图1-27所示。

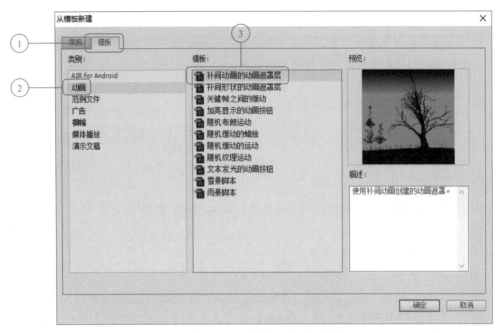

图1-27　Flash CS6中提供的动画模板

2．编辑Flash空白文档

方法1：在【新建文档】对话框中进行编辑。

（1）当光标经过【宽】、【高】、【帧频】三个选项时，光标变成形状，左右移动鼠标即可修改原始参数设置；或者单击原始参数，直接填写相应数值，以获得精确的设置要求。

（2）单击【背景颜色】，在弹出的调色板中，使用吸管工具选择相应的颜色即可。

（3）设置【自动保存】选项，如图1-28所示。

图1-28　编辑空白文档

方法2：使用属性面板进行修改，如图1-29所示，直接修改或是在【属性】选项中单击按钮，弹出【文档设置】对话框，在其中进行修改，如图1-30所示。

图1-29　利用属性面板修改文档设置

图1-30　【文档设置】对话框

案例 1-6　打开与保存 Flash 动画

案例说明

　　制作好的Flash动画文件根据需要保存到相应的文件夹中。用户平时要养成相应文件保存到相应文件夹中的良好习惯。

案例实施

1. 打开Flash动画

　　方法1：在菜单栏中选择【文件】|【打开】命令，快捷键为【Ctrl+O】，弹出【打开】对话框，找到Flash文件的保存位置，选中（或双击）该文件，单击【确定】按钮即可，如图1-31所示。

图1-31　打开文档

　　方法2：在菜单栏中选择【文件】|【打开最近的文件】命令，选择用户需要打开的文件即可。

2. 保存Flash文件

　　在菜单栏中选择【文件】|【保存】命令，快捷键为【Ctrl+S】，弹出【另存为】对话框，设置相应的保存位置（路径），并给新文件命名，【保存类型】选择默认的.fla，如图1-32所示。

　　在【文件】菜单中不管选择的是【保存】还是【另存为】命令，如果第一次保存文件，均会弹出【另存为】对话框。

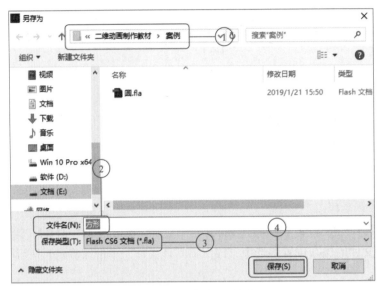

图1-32 【另存为】对话框

案例 1-7　简单了解 Adobe Flash CS6 的新增功能

案例说明

使用带本地扩展的Adobe Flash Professional CS6软件可生成Sprite表单和访问专用设备。锁定最新的Adobe Flash Player和AIR运行时以及Android和iOS设备平台。

相关知识

Flash CS6的新增功能

1．HTML的新支持

以Flash Professional的核心动画和绘图功能为基础，利用新的扩展功能（单独提供）创建交互式HTML内容。导出JavaScript，针对CreateJS开源架构进行开发。

2．生成Sprite表单

导出元件和动画序列，以快速生成Sprite表单，协助改善游戏体验，工作流程和性能。

3．高级绘制工具

借助智能形状和强大的设计工具，更精确有效地设计图稿。

4．锁定3D场景

使用直接模式作用于针对硬件加速的2D内容的开源Starling Framework。

5. 行业领先的动画工具

使用时间轴和动画编辑器创建和编辑补间动画，使用反向运动为人物动画创建自然的动画。

6. 在AIR插件中支持直接渲染模式

此功能为AIR应用程序提供对StageVideo/Stage3D的 Flash Player Direct模式渲染支持。

7. 高效SWF压缩

对于面向Flash Player 11或更高版本SWF，可使用一种新的压缩算法，即LZMA。此新压缩算法效率会提高40%，特别对于ActionScript或矢量图形的文件而言。

8. 可导入的文件格式更多

几乎所有媒体文件格式均可导入。

9. 创建预先封装的Adobe AIR应用程序

使用预先封装的Adobe AIR captive运行时创建和发布应用程序。简化应用程序的测试流程，使终端用户无须额外下载即可运行Flash内容。

小　　结

Adobe Flash CS6的常规操作，包括软件的安装、卸载、新建、保存、打开、修改等操作与大多数应用软件无差别，在此有两点需要读者必须掌握好：一是常用的快捷键，能极大地方便用户操作；二是务必做好保存文档的工作。

练习与思考

1. 练习Adobe Flash CS6的安装与卸载。
2. 使用快捷方式完成新建、保存、打开等操作。

第2章

Flash CS6
强大的绘图功能

 学习目标

- 掌握椭圆工具、矩形工具、多角星形工具的参数设置及使用方法
- 掌握选择工具、部分选取工具、任意变形工具的使用方法
- 掌握颜料桶工具、墨水瓶工具的参数设置及使用方法
- 通过案例掌握常用绘图工具的设置及使用

案例 2-1　Flash 绘图基础知识

情境导入

　　动画的构成需要大量的卡通人物、场景及各类图形等，而这些元素均需要做好前期准备工作，用Adobe Flash CS6完成绘制。因此，本章主要学习常用绘图工具，运用椭圆工作、矩形工具等几何形状工具实施绘制。

案例说明

　　矩形工具、椭圆工具、基本椭圆工具、基本矩形工具、多角形工具均属于常用的图形元素，其中默认打开的是【矩形工具】▣，其他4个工具在附带的级联菜单中。

　　1. Flash的两种绘图模式（见图2-1）

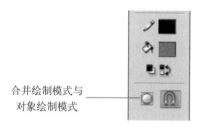

合并绘制模式与
对象绘制模式

图2-1　Flash的绘图模式设置

　　【合并绘制模式】▣：Flash中的默认绘图模式，在该模式下绘制的图形如果有交集，后面绘制的图形会修剪掉前面绘制的图形，如图2-2所示。

图2-2　合并绘制模式

　　【对象绘制模式】▣：当用户选择绘图工具后单击工具箱选项区中的【对象绘制】按钮，在此模式下绘图，图形之间相互不影响，如图2-3所示。

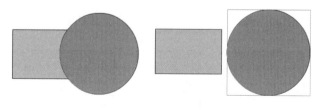

图2-3　对象绘制模式

相关知识

小贴士

　　虽然对象绘制模式下的图形相互不影响，但这样非常不利于对图形进行调整，所以一般情况下均使用合并绘制模式绘图。

　　2．Flash中用于调整图形的常用工具

　　在Flash中，绘制图形要运用【椭圆工具】 ○ 、【矩形工具】 □ 、【多角星形工具】 ○ 、【线条工具】 ＼ 、【铅笔工具】 ∕ 等绘制好图形的轮廓，还需要借助以下几个工具进行调整及完善。

　　（1）运用【选择工具】 ▶ 、【部分选取工具】 ▶ 、【任意变形工具】 ▦ 等调整图形轮廓。

　　（2）运用【颜料桶工具】 ◇ 和【墨水瓶工具】 ◎ 对图形进行上色。

　　3．【矩形工具】（R）和【椭圆工具】（O）

　　使用【矩形工具】 □ 和【椭圆工具】 ○ 可以绘制出长方形、正方形、圆角矩形、椭圆形及圆形等。操作如下：

　　（1）绘制长方形、正方形（借助【Shift】键），选择工具箱中的【矩形工具】，在工具箱面板中设置其填充色和轮廓色，也可以在【矩形工具】属性面板中修改其参数设置，如图2-4所示。在【矩形选项】中设置圆角矩形4个角的角度，如图2-5所示。

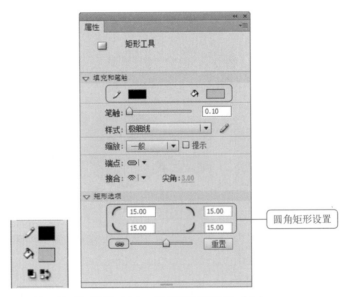

图2-4　用工具面板设置（左），用属性面板设置（右）

图2-5　长方形，正方形，圆角矩形

小贴士

　　按住【Shift】键绘制矩形、椭圆形及圆形等，是以鼠标单击的位置作为起点；而按【Shift+Alt】组合键，则以鼠标单击的位置作为图形的中心点进行绘制。

　　（2）处于━状态下，4个直角的改变是同步的；处于▦状态下，4个直角的改变是相互不影响的。如果对调整的参数不满意，可单击【重置】按钮重新设置。

　　（3）绘制椭圆形、圆形（借助【Shift】键），选择工具箱中的【椭圆工具】，在工具箱面板中设置其填充色和轮廓色，也可以在【椭圆工具】属性面板中修改其参数设置，如图2-6所示。

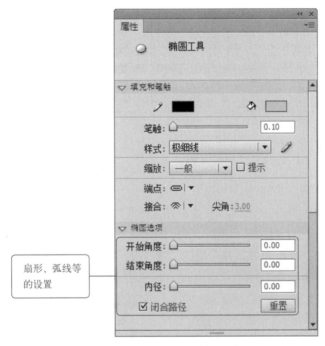

图2-6　椭圆工具【属性】面板

　　（4）绘制扇形、圆弧线、圆环及空心扇形，在【椭圆工具】属性面板的【椭圆选项】选项组中调整"开始角度""结束角度""内径""闭合路径"参数，效果如图2-7所示。

图2-7　扇形、圆弧线、圆环、空心扇形

4.【多角星形工具】

　　使用【多角星形工具】 ⬡ 可以绘制多边形、三角形、星形等，操作如下：

　　（1）选择工具箱中的【多角星形工具】，在其属性面板【工具设置】选项组中单击【选项】

按钮，弹出【工具设置】对话框，对图形进行设置。可以选择的【样式】包括：多边形、星形，【边数】根据实际需要设置，如图2-8所示。

图2-8　多角星形工具参数设置

（2）【星形顶点大小】是针对星形的参数设置选项，如图2-9所示。

5.【线条工具】（N）

使用【线条工具】 可以绘制不同长度、角度的直线段。操作如下：

（1）选择工具箱中的【线条工具】，在其属性面板中设置线条粗线、颜色、样式等，如图2-10所示，当光标变成 ┿ 形状，按着鼠标左键不放，拖放出一条直线段即可。

（2）配合【Shift】键一起使用，可以绘制出水平直线、垂直直线、45°斜线。

图2-9　顶点设置为0.5和1的星形效果　　　　图2-10　线条工具【属性】面板

6.【铅笔工具】（Y）

使用【铅笔工具】 可以绘制出类似简笔画的效果，在【铅笔工具】中有3种绘图模式，分别是【伸直】 ，【平滑】 以及【墨水】 ，如图2-11所示。

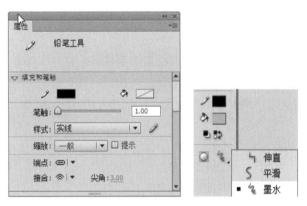

图2-11　铅笔工具【属性】面板（左），铅笔工具3种绘图模式（右）

（1）【伸直】模式下的绘图接近于模糊处理绘图方式，绘制的图形线段会根据绘制的方式自动调整为平直或圆弧的线段。

（2）【平滑】模式下的绘图，所绘制的线条被自动平滑处理，适用于绘制流畅平滑的线条。

（3）【墨水】模式下的绘图，所绘制直线接近手绘；【墨水】模式是在【平滑】模式的基础上更真实，即使是很小的抖动都会体现在所绘制线条中，而【平滑】模式则会处理掉。

7.【选择工具】（V）和【部分选取工具】（A）

在Flash中，调整图形形状，使用【选择工具】和【部分选取工具】，前者是直接调整线段，后者则是以路径的形式调整。操作如下：

（1）在舞台中用【铅笔工具】绘制一条直线，切换到【选择工具】，把光标移动到直线下方，当光标变成 形状时，可将线条调整为曲线，如图2-12所示。

图2-12　用【选择工具】调整直线为曲线

（2）把光标移动到线段的端点位置，光标变成 形状时，可改变端点位置，如图2-13所示。

图2-13　改变端点位置

（3）把光标移动到直线下方，按住【Ctrl】键的同时，按住鼠标左键不放并拖动，此时光标变成 形状，表示在此线段中添加一个节点，将此线段分为两条线段，如图2-14所示。

图2-14　添加新节点后线段

（4）选择工具箱中的【部分选取工具】 ，再单击舞台中的图形或线条，操作对象均会以路径的形式出现。

（5）使用【部分选取工具】，选取图形或线条上要移动的锚点，拖动鼠标可改变锚点位置，借助【Shift】键可以同时选取多个锚点进行拖动。

（6）借助【Alt】键可以调整直线点为曲线点，此方法分为同时调整2个调节句柄，单独调整1个调节句柄。

（7）选取其中一个锚点，配合【Alt】键，可以同时调整2个调节句柄，可以得出平滑曲线效果；当锚点成为曲线点，且看到2个调节句柄时，选取其中1个调节句柄（配合【Alt】键），可以单独调整，可以得出尖突曲线效果，如图2-15所示。

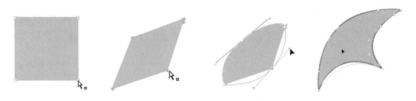

图2-15　利用【部分选取工具】修改的效果图

8.【任意变形工具】（Q）

使用【任意变形工具】 可以对操作对象进行缩放、旋转、倾斜和扭曲，还可以通过【封套】功能对操作对象进行调整，一般情况下，旋转、倾斜及缩放功能不用特定选择功能按钮，除【封套】功能外，其他变形操作都可以进行，如图2-16所示。

图2-16　【任意变形工具】的4种模式（左），变形框（右）

　　——旋转与倾斜。旋转：调整变形中心点到新的旋转中心的位置后，将光标放在变形框任意一个角的控制柄上时，光标呈现 形状时，按住鼠标不放并拖动，即以新的位置作为旋转中心点旋转操作对象。倾斜：将光标移动到变形框的任意一条边线上，光标呈现 形状时，按住鼠标左键不放并拖动，即可倾斜操作对象，如图2-17所示。

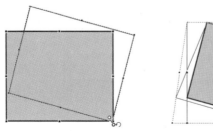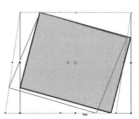

图2-17　旋转模式（左），倾斜模式（右）

——缩放。将光标放在变形框任意一个角或是边线上，光标呈现↔或↕或↗ 形状时，按住鼠标左键不放并拖动，即可改变操作对象的宽度或高度或以等比例方式同时改变操作对象的宽度及高度。

——扭曲。扭曲变形只能用于分散对象。单击【扭曲】按钮或是按住【Ctrl】键的同时将光标放在变形框的任意一个控制点上，光标呈现 ⊳ 形状时，按住鼠标左键不放并拖动，即可对操作对象进行扭曲，如图2-18所示。

——封套。封套变形只能用于分散对象。单击【封套】按钮，此时操作对象四周出现一个封套控制框，每个控制点与路径的锚点一致，有两个调节句柄，通过调整调节句柄达到调整的效果，如图2-19所示。

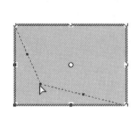
图2-18 扭曲模式

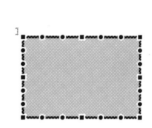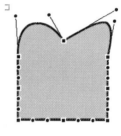
图2-19 封套模式

小贴士

调整某一个控制点时，两个调节句柄同时进行调整；按住【Alt】键，可以单独调整一个调节句柄。

案例2-2 壮族铜鼓鼓面的绘制

情境导入

铜鼓是中国艺术宝库中的瑰宝之一，迄今已有2700多年的历史。其中以广西数量最多，分布最广。作为一种融合民族风情的艺术欣赏品，壮族铜鼓以其独特的民族纹饰，流畅的线条流传于世，赢得了人们的好评。

案例说明

综合运用椭圆、矩形、线条及多角星形等绘制铜鼓鼓面。

相关知识

【变形】面板

利用【变形】面板可以精确操作对象，包括旋转的角度、倾斜的位移、缩放的大小及3D旋

转等，配合【重制选区和变形】按钮 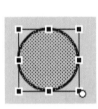 完成一些需要多次复制的操作。在菜单栏中选择【窗口】|【变形】命令（或按【Ctrl+T】组合键），打开【变形】面板，如图2-20所示。

使用【变形】面板对操作对象进行变形是以变形中心点为基准，变形中心点决定变形的移动轨迹，因此一般会先使用【任意变形工具】修改变形中心点的位置，然后再变形，如图2-21所示。

图2-20 【变形】面板

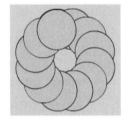

图2-21 新变形中心点的位置（左），围绕变形中心点旋转的最终效果（右）

案例实施

（1）运行Flash CS6软件，单击欢迎窗口中的选择【新建】|【ActionScript 2.0】选项（见图1-15）。

（2）在【图层1】中绘制一个圆形，宽度：20，高度：20，笔触：0，填充色：黑色。

（3）参照步骤（2），绘制一个宽度、高度均为40的圆形。

（4）参照步骤（2），分别绘制直径为60，80，100的圆形，填充色均为黑色。

（5）直径为100的圆形，笔触：3，笔触颜色：白色。

（6）直径为40和80的圆形，填充色：白色。

（7）在菜单栏中选择【窗口】|【对齐】面板，如图2-22所示，选择所有圆形，调整为【水平中齐】和【垂直中齐】，效果如图2-23所示。

图2-22 【对齐】面板

图2-23 步骤（1）～步骤（7）的效果图

（8）选择【多角星形工具】，填充色：黑色，笔触：0，宽度：200，高度：200。在【属性】面板的【工具设置】区域单击【选项】按钮，弹出【工具设置】对话框，参数设置如图2-24所示。

（9）选中已经绘制好的形状，单击【水平中齐】和【垂直中齐】按钮进行对齐操作。

（10）分别绘制宽度、高度均为200，220的圆形，填充色：白色，笔触：4，黑色。

（11）用【线条工具】绘制一条垂直线，高度：240，填充色：黑色。

（12）选择此线条，调出【变形】面板，设置【旋转】角度为10，重复单击【重制选区和变形】按钮 ，形成一个由线条组成的圆，如图2-25所示。

图2-24 【多角星形工具】参数设置

图2-25 由线条组成的圆

（13）新建【图层10】，绘制宽度、高度均为240的圆形，填充色：白色，笔触：7，黑色，效果如图2-26所示。

（14）绘制同心圆，3个圆的直径分别为10，20，30；选择此同心圆并右击，在弹出的快捷菜单中选择【转换为元件】命令，修改【名称】：同心圆，单击【确定】按钮即可。修改同心圆的变形中心点，将中心点移动至图的中心位置，如图2-27所示。

图2-26 效果图

图2-27 同心圆中心点移至中心位置

（15）利用【变形】面板，旋转角度设置为20，效果如图2-28所示。

（16）选择所有同心圆，将它们群组按【Ctrl+G】组合键；如果没有群组所有同心圆，接下来使用【对齐】命令，则会将所有同心圆重叠放置，无法达到最终效果。

（17）新建图层，完善铜鼓鼓面，最终效果如图2-29所示。

图2-28 效果图

图2-29 铜鼓最终效果图

案例2-3 "海上生明月，天涯共此时"的场景绘制

情境导入

"海上生明月，天涯共此时"此诗句来自唐朝诗人张九龄的诗《望月怀远》。

> 海上生明月，天涯共此时。
> 情人怨遥夜，竟夕起相思。
> 灭烛怜光满，披衣觉露滋。
> 不堪盈手赠，还寝梦佳期。

诗歌原意：一轮皎洁的明月，从海上徐徐升起；和我一同仰望的，有远在天涯的伊。有情人天各一方，同怨长夜之难挨；孤身，彻夜不成眠，辗转反侧起相思。灭烛欣赏明月，清光淡淡，撒满地；起身，披衣去闲散，忽觉露珠侵人肌。月光虽美难采撷，送它给远方亲人；不如回家睡觉，或可梦见，相会佳期。

而现在，人们更多的用"海上生明月，天涯共此时"来表达游子的思乡之情。

案例说明

用丰富的色彩制造出迷人的场景。

相关知识

1. 填充和笔触颜色设置

用户绘制好图形后，需要给图形上色，这其中包括填充和笔触（轮廓线），可以利用工具箱的颜色区或是工具的【属性】面板选择填充和笔触颜色，如图2-30所示。

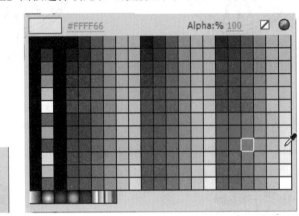

图2-30 工具箱颜色区

单击填充（笔触）的色块，在打开的【拾色器】面板中选择需要的颜色，如果面板中没有所需颜色，还可以单击 ⬤ 按钮，在弹出的【颜色】对话框中选择所需颜色。

🔳——黑白。笔触自动设置为黑色，填充设置为白色。

🔁——交换颜色。在填充和笔触之间切换颜色，仅限黑白两色。

Alpha:% 100 ——透明度。单击此处可以调整颜色的透明值。

☑ ——无填充（笔触）设置。填充（笔触）设置为0。

如果要设置更丰富的渐变色填充等，则需要使用【颜色】面板，在菜单栏中选择【窗口】|【颜色】命令，打开【颜色】面板，如图2-31所示。

图2-31 【属性】面板中的渐变色设置

H|S|B——色相|饱和度|亮度设置。

A——透明度设置（Alpha）。

位图填充——在弹出的【导入到库】对话框中，选择要导入的素材，则将此素材存储到库，用户可随时调动库中的素材作为填充或是笔触使用，如图2-32所示。

图2-32 位图填充设置

2.【颜料桶工具】（K）

使用【颜料桶工具】🪣可以为图形填充颜色，也可以修改原有的填充色。操作如下：

单击【颜料桶工具】，选择【空隙大小】按钮 中的选项进行设置，如图2-33所示。

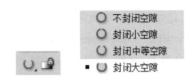

图2-33 设置填充模式

 小贴士

在实际应用中，尽量用封闭区域而不留任何缺口。

3.【墨水瓶工具】(S)

使用【墨水瓶工具】 可以修改图形笔触（轮廓线）或是线条的颜色及粗细；为没有轮廓线的区域添加轮廓。操作如下：

（1）选择【墨水瓶工具】，在其【属性】面板中，选择需要的颜色，笔触：20，样式：斑马线。

（2）单击需要添加轮廓线的图形即可，如图2-34所示。

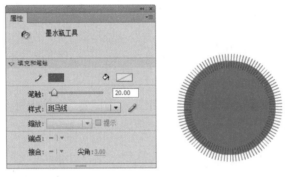

图2-34 【墨水瓶工具】属性面板及设置效果

案例实施

1. 新建ActionScript 2.0

运行Flash CS6软件，单击欢迎窗口中的选择【新建】｜【ActionScript 2.0】（见图1-15）。

2. 制作凉亭

（1）在图层1中，利用【多角星形工具】绘制1个三角形，并进行适当的调整。

（2）分别绘制两个椭圆形，通过【对齐】命令进行【水平居中】调整。

（3）通过【选择工具】调整并选中多余的线条，然后删除，效果如图2-35所示。

（4）使用【矩形工具】绘制凉亭的框架部分。

（5）用同样的方法绘制凉亭其他部分效果图，如图2-36所示。

3. 制作背景

（1）天空和海面的制作。使用【矩形工具】绘制一个方形，在菜单栏中选择【窗口】｜【颜色】面板，笔触：0；将填充部分设置为线性渐变，设置如图2-37所示；旋转该矩形，并将其大小调整为与舞台一致。

图2-35　凉亭屋顶的制作

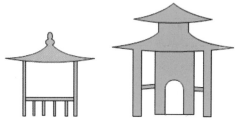

图2-36　凉亭的最终效果

（2）添加月亮与云朵。使用【椭圆工具】绘制一个近似于圆形的椭圆，笔触：0；填充：淡黄色。使用【椭圆工具】绘制大小不一的椭圆，笔触：0；填充：白色并将它们叠放在一起组成云朵的样式。

（3）为了体现海浪涌动的效果，在水面上添加倒映效果，可以使用【椭圆工具】制作月牙形状的倒映效果，如图2-38所示。

图2-37　背景图渐变色设置

图2-38　背景效果图

（4）山丘的制作。使用【椭圆工具】绘制一个椭圆，使用【选择工具】调整其轮廓线及形状，将制作好的凉亭放置于山顶位置，并适当调整大小，最终效果如图2-39所示。

图2-39　最终效果图

案例 2-4　线条工具——房子的绘制

情境导入

使用Flash的绘图功能绘制一些较为简单的物体和场景。

案例说明

在Flash中，可以使用简单的线条工具、颜色填充等绘制房屋。

相关知识

1．线条工具

"线条工具"选项 ↘　，位于工具栏中，通过单击该选项，在场景中会出现"十"字形状，通过按住鼠标左键拖动，即可绘制直线。

2．任意变形工具

"任意变形工具"选项 ▨，位于工具栏中，是较常用的工具之一。主要用于放大、缩小，或进行倾斜的调整。

3．标尺的使用

选择【视图】|【标尺】命令，调出标尺（快捷键【Ctrl+Alt+Shift+R】），如图2-40所示，并通过标尺拖出辅助线。

图2-40　调出标尺

4．矩形工具

"矩形工具"选项 ▱，位于工具栏中，主要用于绘制规则的矩形或者正方形。

案例实施

（1）运行Flash CS6软件，在欢迎窗口中选择【新建】|【ActionScript 2.0】选项。

（2）将画布尺寸设置为900像素×700像素。

（3）选择【矩形工具】，将填充颜色设置为无，线条颜色设置为黑色，绘制一个矩形；按住【Alt】键，拖动第一个矩形，可复制出第二个矩形。并使用【任意变形工具】将上边的矩形变成平行四边形，如图2-41所示，将下边的矩形向右边平移，效果如图2-42所示。

（4）使用线条工具将图形连接起来，绘制出房子的大致轮廓，如图2-43所示。

图2-41　平行四边形　　　　图2-42　两个矩形　　　　图2-43　房子轮廓

（5）使用【椭圆工具】，填充颜色设置为无，笔触颜色设置为黑色，按住【Alt+Shift】组合键绘制一个圆，删除下半部分，保留上半圆部分（见图2-44）；而后使用【矩形工具】绘制出窗户的下半部分，并使用【线条工具】绘制其余部分（见图2-44）；完成后修改窗户的笔触为5，颜色设置为蓝色，填充为黑色。

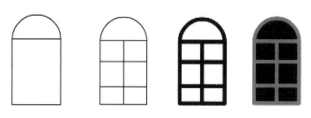

图2-44　窗户

（6）将窗户移动到适当位置，使用【颜料桶工具】对房子进行颜色填充，最终效果如图2-45所示。

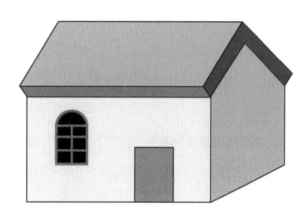

图2-45　房子整体效果

案例 2-5 钢笔工具——玫瑰花的绘制

情境导入

故事：壮　锦

壮锦，与云锦、蜀锦、宋锦并称中国四大名锦，据传起源于宋代，是广西民族文化瑰宝。这种利用棉线或丝线编织而成的精美工艺品，图案生动，结构严谨，色彩斑斓，充满热烈、开朗的民族格调，体现了壮族人民对美好生活的追求与向往。

案例说明

在Flash中，利用所提供的壮锦图案，绘制出玫瑰花。

相关知识

1. 钢笔工具

Flash软件中的【钢笔工具】可以自由绘制规则图形、曲线图形；可以改变曲线弯曲度；灵活度极大。

（1）选择工具箱中的【钢笔工具】。【钢笔工具】的图标像一支钢笔尖，如图2-46所示。

图2-46　钢笔工具一

（2）移动鼠标指针到舞台当中，当指针变为红色框中的形状时，表示可以开始绘制了。【钢笔工具】在Flash中画出的图形都称为路径。可以修改路径的形状、大小等，如图2-47所示。

图2-47　钢笔工具二

2. 元件

Flash元件是Flash动画中的一个最基本的概念。元件不仅仅在动画中使用，有时在进行图形绘制临摹时，会使用元件的部分属性。

案例实施

（1）运行Flash CS6软件，选择【新建】|【ActionScript 2.0】选项。

（2）选择【文件】|【导入】|【导入到舞台】命令（快捷键【Ctrl+R】），如图2-48所示。

（3）调整图片尺寸，并将图片转换为元件。元件名称改为背景，类型为图形；并锁定图层1，如图2-49和图2-50所示。

图2-48　插入图片

图2-49 "转换为元件"命令

图2-50 "转换为元件"对话框

（4）选中背景元件，在【属性】面板的【色彩效果】区域设置【样式】为【Alpha】，调整Alpha值为46%左右，如图2-51所示。

（5）新建图层2，在图层2上使用【矩形工具】和【钢笔工具】进行图形绘制。

① 使用【矩形工具】绘制矩形，并设置该矩形的边线颜色为黄色，无填充颜色，笔触为3，如图2-52所示。

图2-51　调整Alpha值　　　　　　　　　图2-52　矩形属性设置

② 使用【矩形工具】绘制矩形，并使用【任意变形工具】将矩形旋转45°，如图2-53所示。

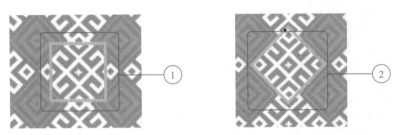

图2-53　矩形设置

③ 使用【钢笔工具】根据图片进行临摹绘制，如图2-54所示。

图2-54　钢笔工具绘制

图2-54 钢笔工具绘制（续）

④ 使用【橡皮擦工具】按照样图擦除多余的线条，如图2-55所示。

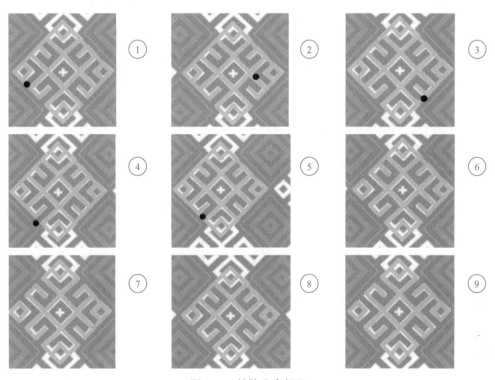

图2-55 擦除多余部分

（6）删除图层1，将图层2上的图形选中，按【Ctrl+B】组合键打散，改变线条的颜色为红色，使用【任意变形工具】将其拉长变成菱形，作为玫瑰花的花苞，如图2-56所示。

（7）使用【钢笔工具】绘制出玫瑰花的叶子，并用【颜料桶工具】进行颜色填充；选中叶子，按【Ctrl+G】组合键进行组合，如图2-57所示。

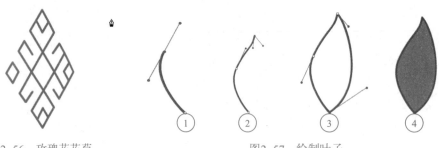

图2-56 玫瑰花花苞   图2-57 绘制叶子

（8）使用【钢笔工具】绘制花枝，绘制完成后，进行颜色填充，按【Ctrl+G】组合键进行组合，如图2-58所示。

（9）将花骨朵、叶子、花枝三个部分进行组合，如图2-59所示。

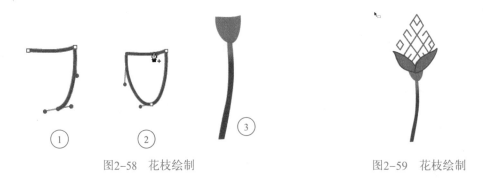

图2-58 花枝绘制   图2-59 花枝绘制

案例 2-6 钢笔工具——小鸟的绘制

情境导入

故事：壮族十二图腾

人们把广西壮族自治区誉为"铜鼓之乡"。铜鼓是壮族人民的传统文化遗物，原来用作法器、乐器，后来演变成权威的象征。铜鼓上面刻有太阳纹、羽人纹、鹭纹、水波纹、圆圈纹、象眼纹等，还饰有青蛙、水鸭等立体雕饰。

鹭鸟作为壮族吉祥物，有通天的本领，又是稻谷丰收的象征。在壮族民间的《麽经》中，鹭鸟是布洛陀造成的一种动物，也是壮族先民崇拜的一种吉祥之鸟。在壮族地区出土的古代铜鼓上，铸有许多翔鹭绕太阳纹飞翔或翔鹭衔鱼的图案，是壮族先民崇拜鸟图腾的反映。因壮族地区多鹭鸟，常聚集在稻田里觅食，史书中称为"鸟田"。

案例说明

在Flash中利用所提供的壮族鹭纹，绘制出鹭纹，可发挥想象力，填充不同的颜色。

相关知识

1. 钢笔工具

Flash软件中的【钢笔工具】可以自由绘制规则图形、曲线图形，可以改变曲线弯曲度，灵活度极大。

2. 元件

Flash元件是Flash动画中的一个最基本的概念。元件不仅仅在动画中使用，有时在进行图形绘制临摹时，会使用元件的部分属性。

案例实施

（1）运行Flash CS6软件，选择【新建】｜【ActionScript 2.0】选项。

（2）选择【文件】｜【导入】｜【导入到舞台】命令（快捷键【Ctrl+R】）。

（3）调整图片大小，按住【Shift】键等比例缩小。右击图片，在弹出的快捷菜单中选择【转换为元件】命令（见图2-60），弹出【转换为元件】对话框，元件名称改为【鹭鸟1】，类型为图形，如图2-61所示。

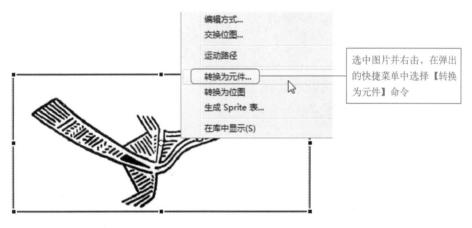

图2-60　选择【转换为元件】命令

图2-61　【转换为元件】对话框

（4）选中背景元件，在【属性】面板的【色彩效果】区域设置【样式】为【Alpha】，调整Alpha值为46%左右，如图2-62所示。

（5）新建图层2，在图层2上使用【钢笔工具】进行图形绘制。

① 使用【矩形工具】绘制矩形，并设置该矩形的边线颜色为黄色，无填充颜色，笔触为1，如图2-63所示。

图2-62　调整Alpha值　　　　　　　　　图2-63　钢笔工具属性设置

② 使用【钢笔工具】绘制出鹭鸟的尾部轮廓，如图2-64所示。

③ 完成尾部整体绘制，如图2-65所示。

图2-64　尾部轮廓　　　　　　　　　　　图2-65　尾部整体

④ 选中尾部线条，选择【修改】|【形状】|【将线条转换为填充】命令，如图2-66所示。

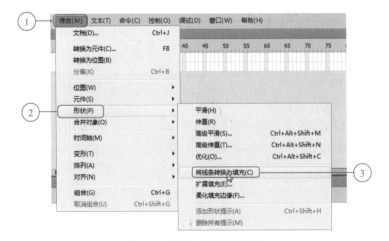

图2-66　将线条转换为填充

⑤ 将线条转换为填充后，使用【选择工具】和【部分选取工具】配合，对线条进行修饰，如图2-67所示。

⑥ 按照绘制尾部的方法绘制其余部分，并将图层1删除，最终效果如图2-68所示。

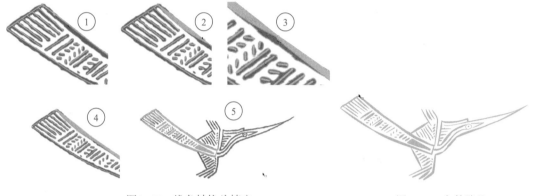

图2-67　线条转换为填充　　　　　　　　　　图2-68　完整鹭纹

（6）线条颜色可以用其他颜色，不用按照本书例子中所用颜色。完成后，保存文件。

案例2-7　钢笔工具——人物角色的绘制

 情境导入

故事：壮族布洛陀

布洛陀是壮族先民口头文学中的神话人物，是创世神、始祖神和道德神，其功绩主要是开创天地、创造万物、安排秩序、制定伦理等。"布洛陀"是壮语的译音，布洛陀的"布"是很有威望的老人的尊称，"洛"是知道、知晓的意思，"陀"是很多、很会创造的意思，"布洛陀"就是指"山里的头人""山里的老人""无事不知晓的老人"等意思。

案例说明

在Flash中利用所提供的素材，绘制壮族神话人物的形象。

案例实施

（1）运行Flash CS6软件，选择【新建】｜【ActionScript 2.0】选项。

（2）选择【文件】｜【导入】｜【导入到舞台】命令，如图2-69所示。将【人物.png】及【壮族服饰.jpg】图片导入到库。

（3）从库中调出【人物.png】图片，按住【Shift】键等比例调整图片大小，并将图片转换为元件。元件名称改为人物，类型为图形，如图2-70和图2-71所示。

（4）选中背景元件，在【属性】面板的【色彩效果】区域设置【样式】为【Alpha】，调整Alpha值为46%左右，如图2-72所示。

图2-69　导入图片

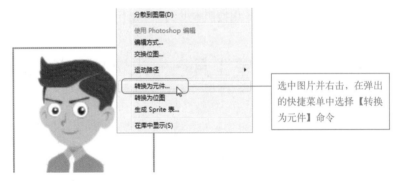

图2-70　选择【转换为元件】命令

图2-71　"转换为元件"对话框

图2-72　调整Alpha值

（5）锁定图层1，新建图层2，在图层2上使用【钢笔工具】绘制图形。

① 设置【钢笔工具】的线条颜色为黑色，笔触为0.2，如图2-73所示。

② 使用【钢笔工具】绘制出人物的头部，绘制五官后按照样图进行颜色填充，分别转换为元件，如图2-74所示。

图2-73 【钢笔工具】属性设置

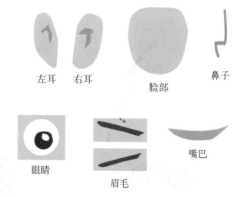

图2-74 五官元件

③ 五官组合成头部，并将五官元件都选中，转换为【头部】元件，如图2-75所示。

④ 将图层2锁定，新建图层3，在图层3上绘制【颈脖】、【手臂】及【上半身】，按照样图进行颜色填充后，转换为元件，如图2-76所示；将这几个部分拼接后，转换为【上半身整体】元件如图2-77所示。

⑤ 新建图层4，锁定其他图层，在图层4上绘制【下半身】，并转换为元件，如图2-78所示。

⑥ 将人物各部分元件拼接后，大致人物初稿效果图如图2-79所示。

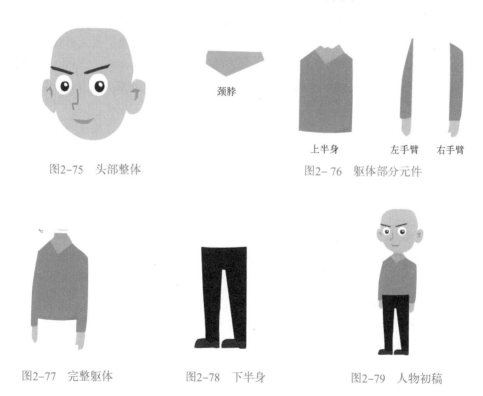

图2-75 头部整体

颈脖

上半身　　左手臂　右手臂

图2-76 躯体部分元件

图2-77 完整躯体　　　图2-78 下半身　　　图2-79 人物初稿

⑦ 新建图层5，将【壮族服饰】图片从【库】中拉入该图层，调整图片大小，转换为元件。

⑧ 新建图层6，锁定其他图层，设置【钢笔工具】的线条颜色为绿色，笔触为0.2，画出人物

的头巾，如图2-80所示。

⑨ 继续在图层6中绘制出人物领子及衣服上的花纹，并将衣服裤子的颜色设置为黑色，如图2-81所示。

⑩ 双击可进入各个元件中，对人物各个部分进行微调，调整完成后，将人物所有部分选中，转换成名为"布洛陀"的元件。最终效果如图2-82所示。

图2-80　头巾　　　　　　　　图2-81　花纹　　　　　　　　图2-82　布洛陀

小　结

本章主要介绍了Flash CS6绘图和填充工具的使用方法。总的来说，这些工具的使用都很简单，要想绘制出需要的图形，关键是要多观察生活中的事物，多欣赏别人的作品。在本章的学习中还应注意以下几点：

- 默认情况下，在Flash中绘制的矢量图形由轮廓线和填充组成，而且是分散的，这样的好处是方便单独对轮廓线或者填充进行调整。
- 在绘制图形轮廓线时，务必要将各线条之间交接好，这样才方便使用【颜料桶工具】为图形的不同区域填充颜色。
- 很多看似简单的工具，只要巧妙应用，便能绘制出生动的图形，例如，【线条工具】虽然只能绘制直线，但通过与【选择工具】配合使用，几乎可以绘制出任何形状的图形轮廓线。
- 默认情况下，在Flash中绘制的线条，会在交叉处分成独立线段，从而方便使用【选择工具】，选取不同的线段并删除，或调整图形的形状。
- 【颜料桶工具】用于为图形的封闭或半封闭区域填充纯色、渐变色和位图，而【墨水瓶工具】用于改变线条属性。
- 选择【颜料桶工具】后，除了可以利用工具箱和属性面板设置纯色填充外，还可以在【颜色】面板中设置纯色、线性渐变色、径向渐变色和位图。
- 使用【颜料桶工具】为对象填充线性渐变、定向渐变或位图后，可利用【线性渐变工具】调整渐变色及位图的方向、角度和大小等属性。
- 在使用【滴管工具】吸取渐变色后，必须取消按下【锁定填充】按钮才能正常填充。此外，使用【滴管工具】吸取位图时，必须先将位图分离。

练习与思考

下面利用本章所学知识绘制图2-83所示的灯笼，并对其进行填充，效果如图2-84所示。

图2-83 灯笼轮廓图

图2-84 灯笼填充颜色效果图

第3章

基本动画类型的制作

 学习目标

- 了解动画的形成原理
- 理解帧的含义和分类
- 掌握逐帧动画、补间动画、引导层动画、补间形状动画的制作方法
- 学会制作倒计时动画、行走动画、飞行动画、形变动画等基本动画
- 掌握动画预设的应用
- 了解动画编辑器的应用

案例 3-1 逐帧动画——倒计时

故事：龟兔赛跑

兔子长了四条腿，一蹦一跳，跑得可快啦。乌龟也长了四条腿，爬呀，爬呀，爬得真慢。

有一天，兔子碰见乌龟，看见乌龟爬得这么慢，就想戏弄他，于是笑眯眯地说："乌龟，乌龟，咱们来赛跑，好吗？"乌龟知道兔子在开他玩笑，瞪着一双小眼睛，不理也不踩。兔子知道乌龟不敢跟他赛跑，乐得摆着耳朵直蹦跳，还编了一支山歌笑话他：

乌龟，乌龟，爬爬爬，一早出门采花；乌龟，乌龟，走走走，傍晚还在门口。

乌龟生气了，说："兔子，兔子，你别神灵活现的，咱们就来赛跑!"

兔子一听，差点笑破了肚子："乌龟，你真敢跟我赛跑？那好，咱们从这儿跑起，看谁先跑到那边山脚下的一棵大树下。5，4，3，2，1，开始"兔子撒开腿就跑，跑得真快，一会儿就跑得很远了。他回头一看，乌龟才爬了一小段路呢，心想：乌龟敢跟兔子赛跑，真是天大的笑话！我呀，在这儿睡上一大觉，让他爬到这儿，不，让他爬到前面去吧，我三蹦两跳地就追上他了。

兔子往地上一躺，合上眼皮，真的睡着了。再说乌龟，爬得也真慢，可是他一个劲儿地爬，爬呀，爬呀，爬，等他爬到兔子身边，已经筋疲力尽。兔子还在睡觉，乌龟也想休息一会儿，可他知道兔子跑得比他快，只有坚持爬下去才有可能赢。于是，他不停地往前爬、爬、爬。离大树越来越近了，只差几十步了，十几步了，几步了……终于到了。

兔子呢？他还在睡觉呢！兔子醒来后往后一看，唉，乌龟怎么不见了？再往前一看，哎呀，不得了了！乌龟已经爬到大树底下了。兔子一看可急了，急忙赶上去可已经晚了，乌龟已经赢了。

兔子跑得快，乌龟跑得慢，为什么这次比赛乌龟反而赢了呢？

这个故事告诉大家：不可轻易小视他人。虚心使人进步，骄傲使人落后。要踏踏实实地做事情，不要半途而废，才会取得成功。

案例说明

产品发布、电影上映、活动开始……倒计时能起到提醒作用。倒计时显示的时间是剩下的时间，过一天少一天，过一分钟少一分钟，既要按计划行事，也要抓紧时间，保质保量把工作做在前面。人生也是如此，生命一天一天地过去，不要白白耗费了自己美好的时光，做有意义的事，既利人也利己。比如领导给你一项紧急起草一份报告的工作：很重要，下午3点前完成好，现在都11点多了，也就3个多小时了，我得加油啊！本例通过龟兔赛跑中的开始比赛倒计时来学习倒计时动画制作。

相关知识

1. 逐帧动画的动画原理

逐帧动画是利用一系列逐张变化的图像组成的动态效果，是最传统的动画形式，其方法简单来说就是一帧一帧地把每一张变化的图像都绘制出来，可以说逐帧动画中需要制作的每一帧都是关键帧。用这种方式，几乎可以完成所有的动画效果，缺点就是需要逐张制作，比较耗时费力，工作量十分大，而优点就是可以灵活地把握每个动态。

2. 帧的种类和含义

1）帧的定义

在Flash CS6中，通过连续播放一系列静止画面，给视觉造成连续变化的效果，这一系列单幅的画面称为"帧"。在Flash中，帧是最小的时间单位。

2）帧的种类

（1）空白关键帧：白色背景带有黑圈的帧为"空白关键帧"。表示在当前舞台中没有任何内容。

（2）关键帧：灰色背景带有黑点的帧为"关键帧"。表示在当前场景中存在一个"关键帧"，在"关键帧"相对应的舞台中存在一些内容。

（3）普通帧：存在多个帧。带有黑色圆点的第一帧为"关键帧"，最后一帧上面带有黑的矩形框，为"普通帧"。除了第一帧以外，其他"帧"均为"普通帧"。

（4）传统补间帧：带有黑色圆点的第一帧和最后一帧为"关键帧"，中间蓝色背景带有黑色箭头的"帧"为"传统补间帧"。

（5）形状补间帧：带有黑色圆点的第一帧和最后一帧为"关键帧"，中间绿色背景带有黑色箭头的"帧"为"形状补间帧"。"帧"上出现虚线，表示是未完成或中断了的"补间动画"，虚线表示不能够生成"形状补间帧"。

（6）包含动作语句的帧：第一帧上出现一个字母"a"，表示这一帧中包含了使用【动作】面板设置的动作语句。

（7）帧标签：第一帧上出现一面红旗，表示这一帧的"标签"类型是"名称"。红旗右侧的"aa"是"帧标签"的名称。第1帧上出现两条绿色斜杠，表示这一帧的"标签"类型是"注释"。"帧注释"是对帧的解释，帮助理解该帧在影片中的作用。第一帧上出现一个金色的锚，表示这一帧的"标签"类型是"锚记"。"帧锚记"表示该帧是一个定位，方便浏览者在浏览器中快进、快退。

3）帧频

在Flash CS6中，"帧频"就是影片播放的速度，动画就是由很多张序列图片组成。比如一个动作如果用12帧频来播放就把这一个动作分为12个分解动作，如果用24帧来播放一个动作就会分为24个分解动作，一般默认的是12 或者24帧频，也就是说1秒内Flash会从第一帧播放到24帧。如果"帧率"太慢就会给人造成视觉上不流畅的感觉，所以，按照人的视觉原理，一般将动画的"帧率"设为24帧/秒。

4）帧的操作

（1）插入帧。操作如下：

①选择【插入】|【时间轴】|【帧】命令（快捷键【F5】），可以在"时间轴"上插入一个"普通帧"。

②选择【插入】|【时间轴】|【关键帧】命令（快捷键【F6】），可以在"时间轴"上插入一个"关键帧"。

③选择【插入】|【时间轴】|【空白关键帧】命令（快捷键【F7】），可以在"时间轴"上插入一个"空白关键帧"。

（2）选择帧。操作如下：

①选择【编辑】|【时间轴】|【选择所有帧】命令，选中"时间轴"中的所有帧。单击要选的帧，帧变为深色。

②选中要选择的帧，按住鼠标左键，向前或向后拖动，鼠标指针经过的帧全部被选中。

③按住【Ctrl】键的同时，单击要选择的帧，可以选择多个不连续的帧。

④按住【Shift】键的同时，单击要选择的两个帧，这两个帧中间的所有帧都被选中。

（3）移动帧。操作如下：

①选中一个或多个帧，按住鼠标左键，拖动所选帧到目标位置，在移动过程中，如果按住【Alt】键，会在目标位置上复制出所选的帧。

②选中一个或多个帧，选择【编辑】|【时间轴】|【剪切帧】命令，或按【Ctrl+Alt+X】组合键，剪切选中的帧。

③选中目标位置，选择【编辑】|【时间轴】|【粘贴帧】命令，或按【Ctrl+Alt+V】组合键，在目标位置上粘贴所选中的帧。

（4）删除帧。操作如下：

①右击要删除的帧，在弹出的快捷菜单中选择【清除帧】命令，将选中的帧删除。

②选中要删除的帧，按【Shift+F5】组合键删除帧。

③选中要删除关键帧，按【Shift+F6】组合键删除关键帧。

案例实施

1. 倒计时每一帧对应的图画（见图3-1）

图3-1 倒计时动画需要用的图片

2. 制作步骤

（1）运行Flash CS6软件，选择【新建】|【ActionScript 2.0】选项，如图3-2所示。

（2）选择【椭圆工具】绘制一个圆，圆的大小（宽300，高300），笔触为5，边框颜色为黑色，填充颜色为紫色，如图3-3所示。

图3-2　新建文件

（3）选择【文本工具】，在圆中输入文本"5"，把字符系列改成"Berlin Sans FB"，大小为"250"点，文本颜色为黑色，效果如图3-4所示。

图3-3　圆的属性

图3-4　输入文本

（4）把光标移动到第二帧并右击，在弹出的快捷菜单中选择【插入关键帧】命令（快捷键【F6】），然后把文本改成"4"。

（5）依此类推，制作后面几帧。

（6）保存文件名为"案例3-1　倒计时.fla"。

（7）按【Ctrl+Enter】组合键测试影片效果。

（8）把帧频改成"2"，再次保存并重新测试影片。

案例 3-2　逐帧动画——人物行走

 情境导入

故事：千里赴约

东汉时，范式和张伯元是同学，他们是形影不离的好朋友。后因张伯元与范式痛恨奸佞当道，不愿做官，辞归故里。临别时，范式对张伯元说："两年后的今天我一定来看望你。"说完，

二人依依惜别。

　　转眼，两年过去了，范式和张伯元约定见面的日子到了。这天一早，张伯元早早起床，将屋子打扫干净，又吩咐妻子准备丰盛的酒菜。可是，眼看就到中午了，范式还没有来，准备好的酒菜都快凉透了。妻子说："我想他一定是忘了今天的约会。不要再傻等下去了。"张伯元摇摇头，说："我的朋友是个说话算话的君子，他一定不会爽约的。"说着，他一个人来到路口，在烈日下苦苦守候。

　　天色越来越晚，太阳落山了，新月升了起来，张伯元的家人都认为范式一定不会来了，劝他赶快回家。这时，远处有一匹马飞奔而来，张伯元仔细一看，马上坐的正是自己的好友范式！

　　原来这两年来，范式时刻不忘与张伯元的约定。然而，当约定的日期临近时，偏巧范式家里有事脱不开身。但是，为了信守约定，范式纵马飞驰，还是从千里之外赶来赴约了。范式千里赴约的做法深深感动了张伯元和他的家人，也感动了后人，成为信守诺言的典范。

案例说明

　　人的动作是复杂的，但却有规律可循。人走路的运动规律：出右脚甩动左臂（朝前），右臂同时朝后摆。上肢与下肢的运动方向正好相反。另外，人在走路动作过程中，头的高低也必然成波浪形运动。当迈开步子时，头顶就略低，当一脚着地，另一只脚提起朝前弯曲时，头就略高。由此可以总结，人走路可以用五幅画组成一个完步，如图3-5所示。

相关知识

1. 人物走路图例

人物走路分解图如图3-6所示。

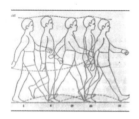

图3-5　人走路的运动规律

图3-6　人物走路分解图

2.【时间轴】面板

【时间轴】面板由【图层】和【时间轴】组成，如图3-7所示。

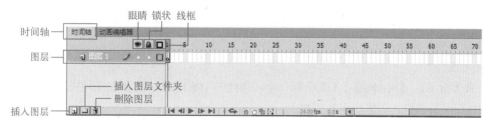

图3-7　时间轴面板

【眼睛】按钮：单击此按钮，可以隐藏或显示图层中的内容。

【锁状】按钮：单击此按钮，可以锁定或解锁图层。

【线框】按钮：单击此按钮，可以将图层中的内容以线框的方式显示。

【插入图层】按钮：用于创建图层。

【插入图层文件夹】按钮：用于创建图层文件夹。

【删除图层】按钮：用于删除图层。

1）图层

图层的类型：

（1）普通图层。

（2）引导图层和被引导图层。

（3）遮罩图层和被遮罩图层。

2）图层的基本操作：

右击图层，弹出的快捷菜单中包括以下命令。

【显示全部】命令：用于显示所有隐藏图层和图层文件夹。

【锁定其他图层】命令：用于锁定除当前图层以外的所有图层。

【隐藏其他图层】命令：用于隐藏除当前图层以外的所有图层。

【新建图层】命令：用于在当前图层上创建一个新图层。

【删除图层】命令：用于删除当前图层。

【引导层】命令：用于将当前图层转换为引导层。

【添加传统运动引导层】命令：用于将当前图层转换为运动引导层。

【遮罩层】命令：用于将当前图层转换为遮罩层。

【显示遮罩】命令：用于在舞台窗口中显示遮罩效果。

【插入文件夹】命令：用于在当前图层上创建一个新的层文件夹。

【删除文件夹】命令：用于删除当前的层文件夹。

【展开文件夹】命令：用于展开当前的层文件夹，显示出其包含的图层。

【折叠文件夹】命令：用于折叠当前的层文件夹。

【属性】命令：用于设置图层的属性，选择此命令，将弹出【图层属性】对话框，如图3-8所示。

【名称】选项：用于设置图层的名称。

【显示】选项：勾选此选项，将显示该图层，否则将隐藏图层。

【锁定】选项：勾选此选项，将锁定该图层，否则将解锁。

【类型】选项：用于设置图层的类型。

【轮廓颜色】选项：用于设置对象呈轮廓显示时，轮廓线所使用的颜色。

【图层高度】选项：用于设置图层在"时间轴"面板中显示的高度。

3）创建图层

选择【插入】|【时间轴】|【图层】命令，创建一个新图层，或者在【时间轴】面板下方单击【新建图层】按钮，创建一个新图层。

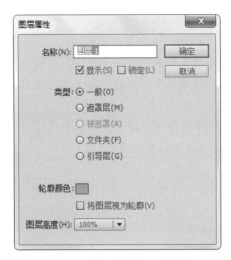

图3-8 【图层属性】对话框

4）选取图层

在【时间轴】面板中单击，选中该图层即可。当前图层会在【时间轴】面板中以深色显示，按住【Ctrl】键的同时，在要选择的图层上单击，可以一次选择多个图层。按住【Shift】键的同时，单击两个图层，这两个图层中间的其他图层也会被同时选中。

5）复制、粘贴图层

可以根据需要，将图层中的所有对象复制并粘贴到其他图层或场景中。

在【时间轴】面板中单击，选中要复制的图层。

选择【编辑】|【时间轴】|【复制图层】命令，进行复制。

6）删除图层

如果某个图层不再需要，可以将其删除。删除图层有以下两种方法：

（1）在【时间轴】面板中选中要删除的图层，在面板下方单击【删除】按钮，即可删除选中图层。

（2）在【时间轴】面板中选中要删除的图层，按住鼠标左键不放将其向下拖动，这时会出现实线，将实线拖动到【删除】按钮上进行删除。

7）隐藏、锁定图层和图层的现况显示模式

（1）隐藏图层。动画经常是多个图层叠加在一起的效果，为了便于观察某个图层中对象的效果可以把其他图层隐藏起来。

在【时间轴】面板中单击【显示或隐藏所有图层】按钮下方的小黑圆点，那么小黑圆点所在的图层就被隐藏，在该图层上显示出一个叉号图标，此时图层将不能被编辑。

在【时间轴】面板中单击【显示或隐藏所有图层】按钮，面板中的所有图层将被同时隐藏。

（2）锁定图层。如果某个图层上的内容已符合要求，则可以锁定该图层，以避免内容被意外更改。

在【时间轴】面板中单击【锁定或解除锁定所有图层】按钮下方的小黑圆点，那么小黑圆点所在的图层就被锁定，在该图层上显示出一个锁状图标，此时图层将不能被编辑。

在【时间轴】面板中单击【锁定或解除锁定所有图层】按钮，面板中的所有图层将被同时锁定。再单击一下此按钮，即可解除锁定。

（3）图层的现况显示模式。为了便于观察图层中的对象，可以将对象以现况的模式进行显示。

在【时间轴】面板中单击【将所有图层显示为轮廓】按钮下方的实色正方形，那么实色正方形所在图层中的对象就呈现况模式显示，在该图层上实色正方形变为现况图标，此时并不影响编辑图层。

在【时间轴】面板中单击【将所有图层显示为轮廓】按钮，面板中的所有图层将被同时以线框模式显示。再单击此按钮，即可回到普通模式。

8）重命名图层

可以根据需要更改图层的名称，更改图层名称有以下两种方法。

（1）双击【时间轴】面板中的图层名称，名称变为可编辑状态。输入要更改的图层名称。在图层旁边单击，完成图层名称的修改。

（2）选中要修改名称的图层，选择【修改】|【时间轴】|【图层属性】命令，弹出【图层属性】对话框，在【名称】文本框中可以重新设置图层的名称，单击【确定】按钮，完成图层名称的修改。

案例实施

1．人物绘制

（1）运行Flash CS6软件，选择【新建】|【ActionScript 2.0】选项。

（2）把舞台大小修改为宽700像素，高400像素。

（3）选择【插入】|【新建元件】命令（快捷键【Ctrl+F8】），如图3-9所示。

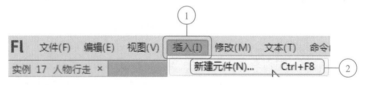

图3-9　创建新元件

（4）在【创建新元件】对话框中输入名称：人物1，类型选择【图形】，单击【确定】按钮，完成元件的创建，如图3-10所示。

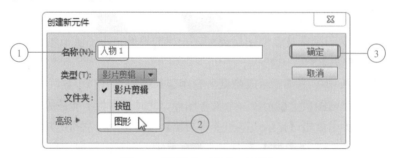

图3-10　"创建新元件"对话框

（5）选择【文件】|【导入】|【导入到库】命令，选择素材文件。

（6）把素材文件（见图3-7）拖动到舞台，并且移动第一个人物到"+"中间，把图层1锁定。

（7）把缩放比例改成400，新建一个图层，并命名为"头发"，用【钢笔工具】绘制人物头发，锁定"头发"图层。

（8）新建一个图层，并命名为"上身"，用【钢笔工具】绘制人物上身部分，锁定"上身"图层。

（9）新建一个图层，并命名为"左手"，用【钢笔工具】绘制人物左手部分，锁定"左手"图层。

（10）新建一个图层，并命名为"裤子"，用【钢笔工具】绘制人物裤子部分，锁定"裤子"图层。

（11）新建一个图层，并命名为"左腿"，用【钢笔工具】绘制人物左腿部分，把"左腿"图层拉到"裤子"图层下面，锁定"左腿"图层。

（12）新建一个图层，并命名为"右腿"，用【钢笔工具】绘制人物右腿部分，把"右腿"图层拉到"裤子"图层下面，锁定"右腿"图层，如图3-11所示，最后删除"图层1"。

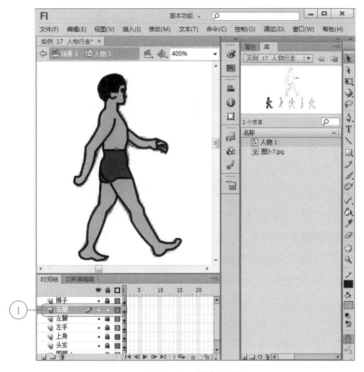

图3-11　绘制左腿

（13）依此类推，完成后面"人物2""人物3""人物4""人物5"的绘制。

2．动画制作

（1）选择【插入】|【新建元件】命令（快捷键【Ctrl+F8】）。

（2）在创建新元件对话框中，名称输入：人物走路，类型选择【影片剪辑】，单击【确定】按钮，完成元件的创建。

（3）选择【视图】|【标尺】命令（快捷键【Ctrl+Alt+Shift+R】），如图3-12所示。显示标尺。

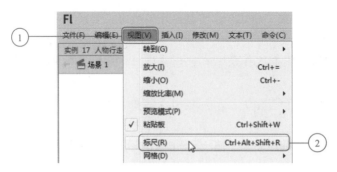

图3-12　显示标尺

（4）拖出一条水平标尺和一条垂直标尺，把【人物1】元件拖到舞台中，其左下角与标尺交叉线重合，如图3-13所示。

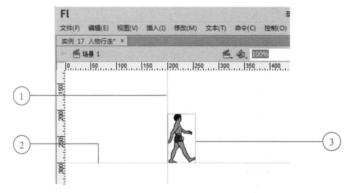

图3-13　把【人物1】元件拖到舞台

（5）选择第5帧，选择【插入】｜【时间轴】｜【空白关键帧】命令（快捷键【F7】）。

（6）把"人物2"元件拖到舞台中，其左下角与标尺交叉线重合。

（7）依此类推，完成后面几张图的操作。

（8）回到场景1，把"人物走路"元件拖到第1帧并用【任意变形工具】适当进行缩放。

（9）选择第150帧，选择【插入】｜【时间轴】｜【关键帧】命令（快捷键【F6】）。

（10）把人物走路元件移动到舞台右边，创建传统补间动画。

（11）保存文件，按【Ctrl+Enter】组合键进行测试。

案例 3-3　逐帧动画——打字效果

 情境导入

故事：玩物丧志

春秋时，卫懿（yi）公是卫国的第十四代君主。卫懿公特别喜欢鹤，整天与鹤为伴，如痴如醉，丧失了进取之志，常常不理朝政、不问民情。他还让鹤乘高级豪华的车子，比国家大臣所

乘的还要高级，为了养鹤，每年耗费大量资财，引起大臣不满，百姓怨声载道。

公元前659年，北狄部落侵入国境，卫懿公命军队前去抵抗。将士们气愤地说："既然鹤享有很高的地位和待遇，现在就让它去打仗吧！"懿公没办法，只好亲自带兵出征，与狄人战于荥泽，由于军心不齐，结果战败而死。

后世人们不能忘记卫懿公玩鹤亡国的教训，就把他的行为称作"玩物丧志"。

古人有诗云：

"曾闻古训戒禽荒，一鹤谁知便丧邦。

荥泽当时遍磷火，可能骑鹤返仙乡？"

正是对卫懿公一针见血的讽刺。

【解释】玩物丧志，意指把玩无益之器物易于丧失意志，贻误大事；戏弄他人，以致失去做人的道德。多含贬义。

【出处】玩物丧志，语本《书·旅獒》："玩人丧德，玩物丧志。"

案例说明

Flash作品中看见这样的打字效果：字符一个个地跳上屏幕，后面还跟着一个闪动的光标，很有意思。打字效果实际上是逐帧动画。

相关知识

1. 翻转帧

翻转帧的主要作用是可以在时间轴上前后颠倒选区里的帧，也就是把前面的帧放置到后面，后面的帧放置到前面，【翻转帧】在Flash快捷菜单中。

2. 播放头和运行时间

1）播放头

"播放头"指的是【时间轴】面板上方的红色小方块。拖动它，可以在不同帧之间来换转换，看各帧之间有什么不同。

2）运行时间

运行时间显示在【时间轴】面板下方，如图3-14所示，表示当前"时间轴"中的动画时间长度。"运行时间"的单位为"s"。当"播放头"滑动到哪一帧时，"运行时间"显示为当前播放头所在位置的动画时间。

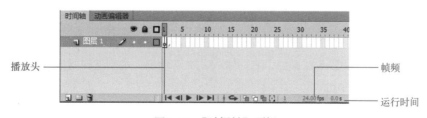

图3-14 【时间轴】面板

3. 导入图片

1）矢量图和位图

矢量图由线条轮廓和填充色块组成，例如一朵花的矢量图实际上是由线段构成轮廓，由轮廓颜色以及轮廓所封闭的填充颜色构成花朵颜色。矢量图的优点是轮廓清晰，色彩明快，可以任意缩放而不会产生失真现象，缺点是难以表现出像照片那样连续色调的逼真效果。Flash软件主要以处理矢量图形为主。

位图又称点阵图、像素图、栅格图，由点阵组成，这些点进行不同排列和染色构成图样，因而位图的大小和质量取决于图像中点的多少，也就是像素的多少，位图类似于照片，能够较真实地再现人眼观察到的世界，因而适于表现风景、人像等色彩丰富，包含大量细节的图像。

2）Flash支持图形图像的格式

支持的位图图像有：.bmp、.jpg、.gif、.png和.psd等格式的位图图像。

如果系统中安装了QuickTime软件，则可以支持.pntg、.pct、.pic、.qtif、.sgi、.tga和.tiff等格式的位图图像。

支持的矢量图形有：.wmf、.emf、.dxf、.eps、.ai和.pdf等格式的矢量图形。

案例实施

1. 导入背景图片

（1）运行Flash CS6软件，选择【新建】｜【ActionScript 2.0】选项。

（2）选择【文件】｜【导入】｜【导入到舞台】命令（快捷键【Ctrl+R】）。

（3）选择【属性】，把"位置和大小"改成（X：0；Y：0），宽：550，高：400，把图层命名为"背景"并且锁住图层。

（4）把舞台背景颜色改成蓝色。

2. 创建闪烁光标元件

（1）选择【插入】｜【新建元件】命令（快捷键【Ctrl+F8】）。

（2）在【创建新元件】对话框中，名称输入：光标，类型选择【影片剪辑】，单击【确定】按钮，完成元件的创建。

（3）用【直线工具】绘制一条短线，把连线颜色改成白色，笔触大小为2，如图3-15所示。

（4）在第4帧插入【关键帧】（快捷键【F6】），在第2、5帧片插入【空白关键帧】（快捷键【F7】），在第6帧片插入【普通帧】（快捷键【F5】），如图3-16所示。

3. 创建文字动画元件

（1）选择【插入】｜【新建元件】命令（快捷键【Ctrl+F8】）。

（2）在【创建新元件】对话框中，名称输入：文字动画，类型选择【影片剪辑】，单击【确定】按钮，完成元件的创建。

（3）把"图层1"重命名为"光标"，新建一个图层，命名为"文字"。

（4）把"光标"元件拖动到舞台"+"号右边，分别在两个图层的第6帧处插入"关键帧"（快捷键【F6】）。

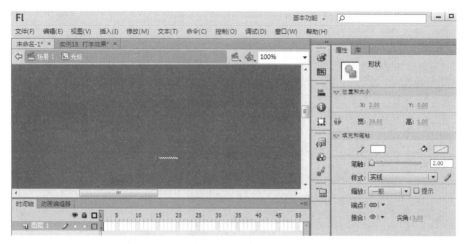

图3-15 绘制光标

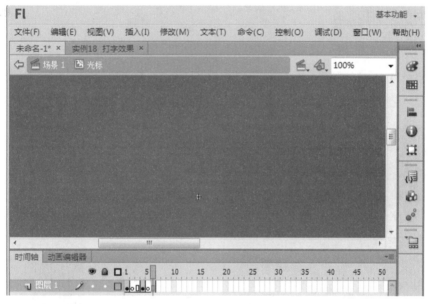

图3-16 时间轴设置

（5）在【文字】图层第6帧处输入文本"玩人丧德，玩物丧志。"，把【系列】改成【隶书】，把【大小】改成【45】，把【颜色】改成【黑色】，如图3-17所示，把光标移到第2个字下方。

（6）在【光标】图层第12帧处插入"关键帧"，把光标移到第3个字下方。

（7）在【光标】图层第18帧处插入"关键帧"，把光标移到第4个字下方。

（8）依此类推，直到把光标移到句号后面，锁定【光标】图层。

（9）在【文字】图层第12帧处插入"关键帧"，并把【文字】图层中本文内容的句号删除。

（10）在【文字】图层第18帧处插入"关键帧"，并把【文字】图层中本文内容的"志"删除。

（11）依此类推，直到只剩下最后一个字，完成所有内容制作。

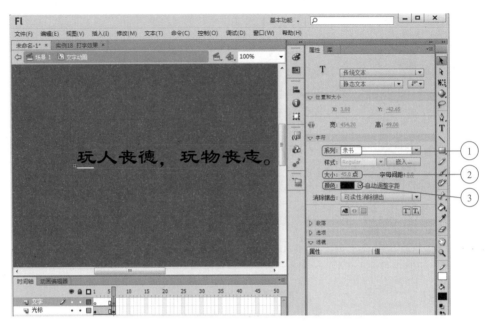

图3-17　输入文字

（12）选择【文字】图层第6～66帧，在时间轴上右击，在弹出的快捷菜单中选择【翻转帧】命令，如图3-18所示。

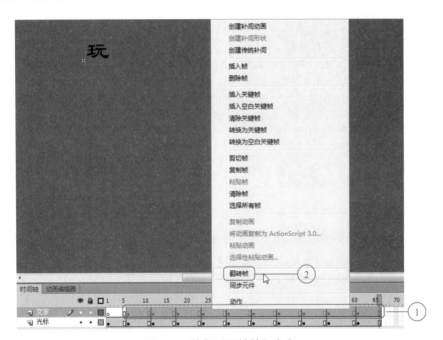

图3-18　选择【翻转帧】命令

4. 完成整体动画

（1）回到场景1，新建一个图层，命名为"矩形块"，在舞台下面绘制一个550像素×65像素、边线颜色为"无"、填充颜色为"黄色"的矩形，并锁定图层，如图3-19所示。

图3-19 绘制矩形块

（2）新建一个图层，命名为"文字"，把【文字动画】元件拖到黄色矩形块上，保存文件，按【Ctrl+Enter】组合键进行影片测试。

案例 3-4 逐帧动画——打开扇子

情境导入

故事：洁身自好

战国时期，楚国三闾大夫屈原，因不与同朝贪官同流合污，被人陷害遭到流放。他常常一边走，一边吟唱着楚国的诗歌，心中牵挂着国家大事。一天，屈原来到湘江边，一个渔夫见到他后惊讶地问："你不就是屈原大夫吗？为何落到这般地步？"屈原叹息道："整个世道就像这泛滥的江水一样浑浊，而我却像山泉一样清澈见底。"渔夫故意说："世道浑浊，你为何不搅动泥沙，推波助澜？何苦洁身自好，遭此下场。"屈原说："我听说一个人洗头后戴帽，先要掸去帽上的灰尘；洗澡后穿衣先要抖直衣服。我怎么能使自己洁净的身躯被脏物污染呢？"渔夫听到这番话后对屈原正直高尚的品格十分敬佩，于是唱着歌，划着船离开了。

【解释】洁身自好，形容在污浊的环境中，保持自身洁白，不同流合污。也指顾惜尊重自己，不与他人纠缠。

【出处】《楚辞·渔父》。

案例说明

打开扇子动画效果是Flash动画作品中常见的一种逐帧动画。

相关知识

1．转换为关键帧

转换为关键帧的主要作用是可以在时间轴上直接把普通帧转换为关键帧，不用一帧帧地插入关键帧，节省了操作时间，提高了工作效率。

2．标尺和辅助线

标尺和辅助线可以帮助用户更精确地绘制和安排对象。

1）标尺

标尺用于确定坐标原点、距离，或者比例尺，调节段落文本，显示距离等。

Flash制作动画标尺设置，选择【视图】|【标尺】命令，在舞台左侧与上方出现标尺，舞台的左上角为（0，0），同时还可以设置其他标尺单位。

如果不需要标尺，选择【视图】|【标尺】命令，舞台中标尺自动取消。

2）辅助线

辅助线是做设计时作为一种辅助工具使用，比如画透视图时，可以使用辅助线作为假定的地平线，或者作为透视消失线等，也可以作为水平对齐、垂直对齐、倾斜对齐的参考线，或者设置页面的参考线等。

将标尺上方的线往下拉，左侧的线往右拉动形成辅助线。

3．停止脚本代码

停止脚本代码为stop();。

案例实施

1．绘制扇叶

（1）运行Flash CS6软件，选择【新建】|【ActionScript 2.0】选项。

（2）选择【插入】|【新建元件】命令（快捷键【Ctrl+F8】）。

（3）在【创建新元件】对话框中，名称输入：扇叶，类型选择【图形】，单击【确定】按钮，完成元件的创建。

（4）把图层命名为"矩形"，绘制一个边线颜色为"红色"、填充颜色为"紫–白–紫"线性渐变的矩形，如图3-20所示。

（5）使用【选择工具】调整矩形。

（6）锁住"矩形"图层，新建一个图层，命名为"星形"，绘制一个五角星，边线颜色为"无"、填充颜色为"红色"。

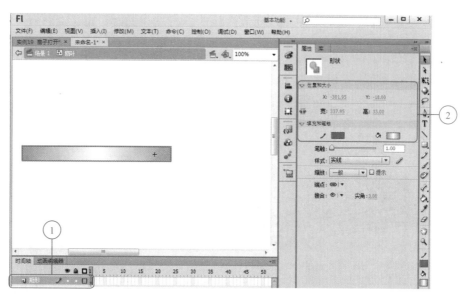

图3-20 绘制矩形

（7）锁住"星形"图层，新建一个图层，命名为"圆形"，绘制一个圆，边线颜色为"无"、填充颜色为"黑-红"放射性渐变色。

2．制作动画

1）制作打开扇子动画

（1）返回到"场景1"，从库中把"扇叶"元件拖动到图层1，选择【任意变形工具】，把中心点移动到钉子位置，如图3-21所示。

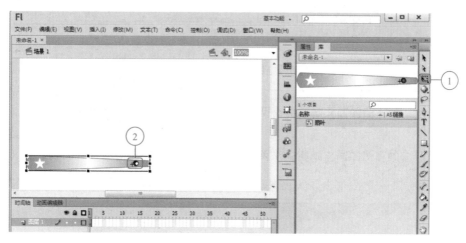

图3-21 移动中心点

（2）选择【变形工具】，"旋转"输入"8"度，连续单击【重置选区和变形】按钮复制扇叶，直到形成扇子，如图3-22所示。

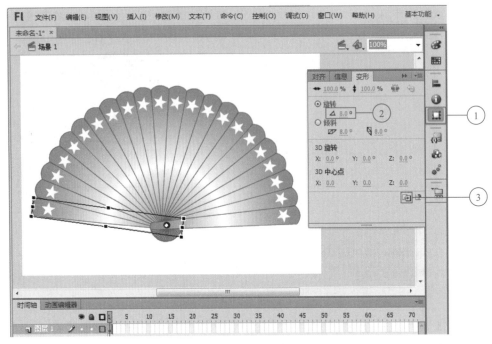

图3-22 复制扇叶形成扇子

（3）选择【视图】│【标尺】命令，显示标尺，拖出一条辅助线到舞台。

（4）选择第60帧，按【F6】键插入关键帧。

（5）选择第1～60帧并右击，在弹出的快捷菜单中选择【转换为关键帧】命令，把第2～58帧转换为关键帧，如图3-23所示。

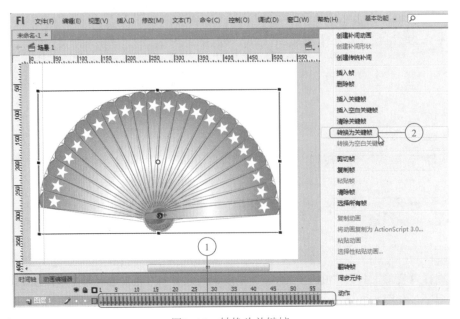

图3-23 转换为关键帧

（6）选择第1帧，只保留第1片扇叶，删除后面的扇叶，如图3-24所示。

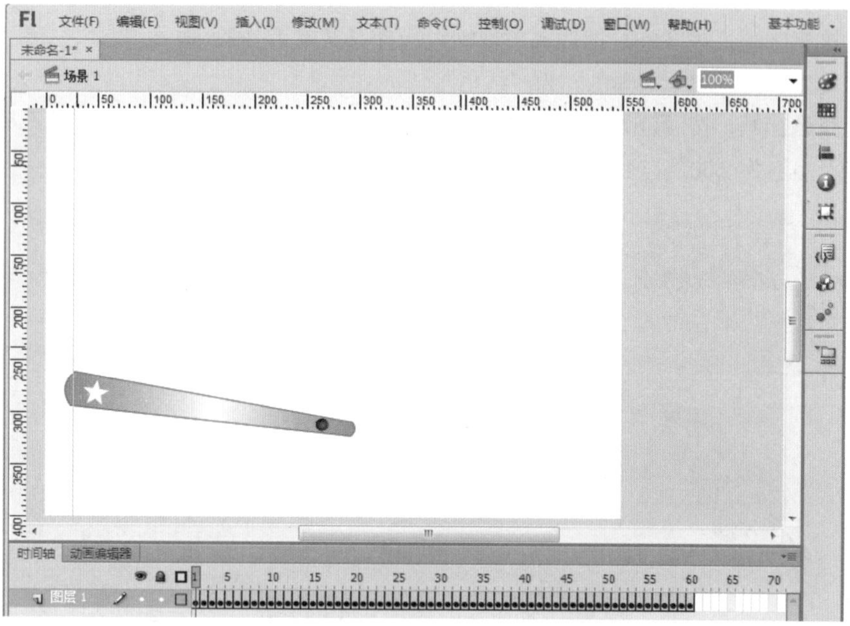

图3-24　保留第1片扇叶

（7）选择第2帧，移动辅助线到第2、3片扇叶之间，保留前2片扇叶，删除后面的扇叶。

（8）依此类推，直到形成整一把扇子。

2）制作文字动画

（1）新建图层，命名为"文字"，选择第5帧，按【F6】键插入关键帧，选择【文本工具】，输入"洁"，"系列"为"华文行楷"，"大小"为"60"，"颜色"为"红色"，如图3-25所示。

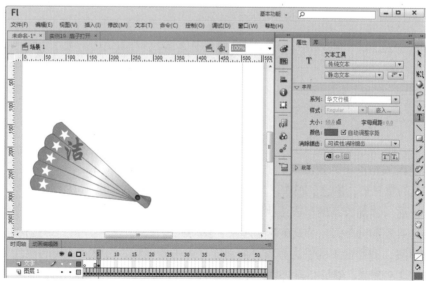

图3-25　制作文字动画"洁"

（2）选择第10帧，按【F6】键插入关键帧，选择【文本工具】，输入"身"，"系列"为"华文行楷"，"大小"为"60"，"颜色"为"红色"。

（3）选择第15帧，按【F6】键插入关键帧，选择【文本工具】，输入"自"，"系列"为"华文行楷"，"大小"为"60"，"颜色"为"红色"。

（4）选择第20帧，按【F6】键插入关键帧，选择【文本工具】，输入"好"，"系列"为"华文行楷"，"大小"为"60"，"颜色"为"红色"，如图3-26所示。

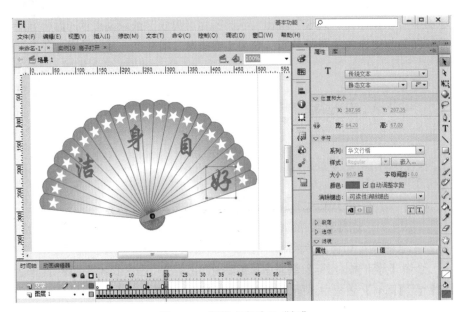

图3-26　制作文字动画"好"

（5）在第60帧处插入关键帧，以文件名"案例3-4　扇子打开.fla"保存，按【Ctrl+Enter】组合键进行影片测试。

案例 3-5　传统补间动画、场景应用——日夜变换

 情境导入

故事：夜以继日

周公旦是西周初杰出的政治家。他在哥哥姬发领导的攻伐殷商的事业中，起了很大作用。担起辅助朝政的重任后，他忠于职守，为巩固周王朝的统治呕心沥血。

周武王死后，由周公旦辅助成王执政。有些贵族猜忌他，在成王面前造谣，说他有篡位的野心，有的兄弟还和纣王的儿子武庚勾结起来，发动武装叛乱。此外，东方的夷族也乘机作乱。但周公坚忍不拔，遵照武王的遗志办事，他消除了成王的误解，击败了武庚的叛乱和夷族的反抗，制定了礼法和刑律，继续分封诸侯，并建筑洛邑（今河南洛阳），设立了东都成周。

由于为国操劳过度，周公在东都建立后不久就去世了。临死前，他还谆谆告诫大臣们，一

定要帮助天子管好中原的事；自己死后要葬在成周，以表示虽死不忘王命。

孟子赞扬他说："周公想兼学夏、商、周三代开国君主的贤德，来把周朝治理好，如果有不适合于当时情况的，他就抬起头来想，夜以继日地想，等想出了好的办法，便坐着等待天明，马上去施行。"

【解释】夜以继日，本义指晚上连着白天。形容抓紧工作或学习。

【出处】《庄子·至乐》。

案例说明

日夜变换动画效果是Flash动画作品中常见的一种传统补间动画和多场景变换动画。

相关知识

1. 传统补间动画

传统补间动画是Flash中最常用的制作动画的方法，可以利用传统补间针对属性为元件的图像制作位移、缩放、旋转、渐隐渐显、效果变化等动画效果。其基本方法是，先制作一个关键帧，然后在时间轴后面的某帧上插入关键帧，调整新关键帧的参数设置，在两个关键帧之间右击，在弹出的快捷菜单中选择相应命令，创建补间动画，软件会自动把两帧之间的变化效果计算出来。

传统补间动画举例：制作一个小球运动动画

（1）运行Flash CS6软件，选择【新建】|【ActionScript 2.0】命令。

（2）使用【矩形工具】绘制一个矩形，把矩形属性修改成宽：550像素、高：400像素，位置和大小分别为0。

（3）矩形颜色设置成线性渐变。

（4）把"图层1"重命名为"背景"，并锁定它。

（5）新建图层并命名为"小球"，绘制一个球。

（6）在【小球】图层的第30、60帧处分别插入"关键帧"（快捷键【F6】）。

（7）在【背景】图层的第60帧处插入"普通帧"（快捷键【F5】）。

（8）在【小球】图层的第30帧处把小球拖到场景下方。

（9）右击【小球】图层，在弹出的快捷菜单中选择【创建传统补间】命令。

（10）保存文件，按【Ctrl+Enter】组合键进行影片测试。

2. Flash场景

场景就是可以放上一段小影片的地方。场景有好多用处，例如，你制作的动画时间很长，时间轴不够长了，此时就必须再新建一个场景，这样才能保证Flash完整，还有就是不同的元素，有许多的次元素，需要一个主元素来引出，放在一个场景中不易实现，那么就需要放在不同的场景中，然后在主场景中设置按钮跳转到某一场景等，总的来说，只有当动画很大，或者内容很多时，才会用到场景，大多数动画用影片剪辑就能达到效果。

3. 场景和舞台的区别

在Flash中，一个文件中可以包括N个场景，场景就是动画的画面，一个场景可以包含一个舞台，一个舞台可以包含N个关键帧，所有场景共用一个库。需要明白场景和舞台是不同的。所以说，可以把场景理解为一个fla文件中的不同舞台，可以使用场景制作一个Flash动画中的不同片段或一个多媒体课件中的不同页面，场景之间可以使用脚本或按钮相互跳转。需要注意的是，在同一个文件中建立过多场景容易导致软件出错。当然，也可能是Flash动画中手绘的场景。那很好理解，就是动画中表现景物或气氛的背景而已。

如果将Flash动画类比为一场舞台剧，那场景可以看作动画背景，在整个演示动画中，可以有多幕，动画也可以有多个场景，其实一般的Flash动画用一个场景就可以了，做专业动画时，就需要多个场景设计。

案例实施

1. 制作相关元件

（1）运行Flash CS6软件，选择【新建】｜【ActionScript 2.0】选项。把"图层1"重命名为"背景"，用【矩形工具】绘制一个矩形，把矩形属性修改成（宽：550像素；高：400像素），位置和大小分别为0，矩形颜色设置成线性渐变。选择矩形，按【F8】键转换为元件，把元件命名为"背景"，元件类型为【图形】。并锁定【背景】图层。

（2）选择【插入】｜【新建元件】命令（快捷键【Ctrl+F8】）。

（3）在【创建新元件】对话框中，名称输入：树叶，类型选择【图形】，单击【确定】按钮，用【钢笔工具】绘制树叶，如图3-27所示。

（4）选择【插入】｜【新建元件】命令（快捷键【Ctrl+F8】），在【创建新元件】对话框中，名称输入：树叶1，类型选择【图形】，单击【确定】按钮，把树叶拖出来完成元件的创建，如图3-28所示。

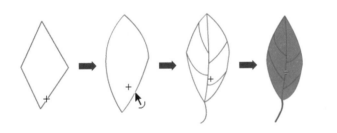

图3-27　创建"树叶"元件

图3-28　创建"树叶1"元件

（5）选择【插入】｜【新建元件】命令（快捷键【Ctrl+F8】），在【创建新元件】对话框中，名称输入：树，类型选择【图形】，单击【确定】按钮。用【矩形工具】绘制树干，【直线工具】绘制树枝，完成元件的创建，如图3-29所示。

图3-29 创建"树"元件

（6）选择【插入】｜【新建元件】命令（快捷键【Ctrl+F8】），在【创建新元件】对话框中，名称输入：草，类型选择【图形】，单击【确定】按钮。用【钢笔工具】绘制，用【选择工具】调整，完成元件的创建，如图3-30所示。

（7）选择【插入】｜【新建元件】命令（快捷键【Ctrl+F8】），在【创建新元件】对话框中，名称输入：花，类型选择【图形】，单击【确定】按钮。用【椭圆工具】绘制花瓣，用【变形工具】复制成花朵，最后加枝叶，完成元件的创建，如图3-31所示。

图3-30 创建"草"元件　　　　　　　　　图3-31 创建"花"元件

（8）选择【插入】｜【新建元件】命令（快捷键【Ctrl+F8】），在【创建新元件】对话框中，名称输入：云，类型选择【图形】，单击【确定】按钮。用【椭圆工具】绘制，完成元件的创建，如图3-32所示。

图3-32 创建"云"元件

（9）选择【插入】｜【新建元件】命令（快捷键【Ctrl+F8】），在【创建新元件】对话框中，名称输入：飘动的云，类型选择【影片剪辑】，单击【确定】按钮。把"云"拖出来制作成从右向左运动的传统补间动画效果，完成元件的创建。

（10）选择【插入】｜【新建元件】命令（快捷键【Ctrl+F8】），在【创建新元件】对话框中，名称输入：房子，类型选择【图形】，单击【确定】按钮。用【钢笔工具】、【矩形工具】、【直线工具】等绘制房子，完成元件的创建，如图3-33所示。

（11）选择【插入】｜【新建元件】命令（快捷键【Ctrl+F8】），在【创建新元件】对话框中，名称输入：路，类型选择【图形】，单击【确定】按钮。用【椭圆工具】绘制道路，完成元件的创建，如图3-34所示。

（12）选择【插入】|【新建元件】命令（快捷键【Ctrl+F8】），在【创建新元件】对话框中，名称输入：太阳，类型选择【影片剪辑】，单击【确定】按钮。用【椭圆工具】、【多角星工具】绘制太阳，并制作成旋转效果，完成元件的创建，如图3-35所示。

（13）选择【插入】|【新建元件】命令（快捷键【Ctrl+F8】），在【创建新元件】对话框中，名称输入：黑块，类型选择【图形】，单击【确定】按钮。用【矩形工具】绘制一个和舞台一样大小的黑色矩形，完成元件的创建。

（14）选择【插入】|【新建元件】命令（快捷键【Ctrl+F8】），在【创建新元件】对话框中，名称输入：星，类型选择【影片剪辑】，单击【确定】按钮。用【矩形工具】、【选择工具】绘制星星，并选择星量，按下【F8】键将其转换成元件"星1"。制作成闪动效果：分别在第5、10帧处插入关键帧，选择第5帧，单击【属性】，在色彩效果中选择"样式"，选择"Alpha"（不透明度），把"Alpha"值设置为"40%"，完成元件的创建，如图3-36所示。

图3-33 "房子"元件　　图3-34 "路"元件　　图3-35 "太阳"元件　　图3-36 "星"元件

2. 制作整体动画

1）场景1的布置

（1）返回到场景1，新建一个图层，命名为"树"，并把"树"元件拖到场景并摆放好，如图3-37所示。

（2）依此类推，将各元件拖到场景中并摆放好，如图3-38所示。

图3-37 摆放好"树"　　　　　　　图3-38 布置好场景1

2）场景2的布置

单击场景面板中的【重置场景】按钮，并把"场景1 复制"改成"场景2"，如图3-39所示。选择"场景2"，把相关"星"元件拖到场景中并摆放好，如图3-40所示。

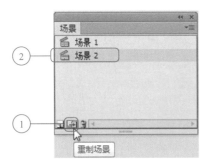

图3-39 重置场景

图3-40 布置好场景2

3）制作太阳升起与落山的动画效果

（1）返回到"场景1"，在"背景"图层上新建一个图层，将其命名为"太阳"，把"太阳"元件拖到舞台右下角，如图3-41所示。

（2）在"太阳"图层的第40帧处插入关键帧，将太阳移动到屋顶上，并适当缩小，如图3-42所示。

图3-41 把"太阳"元件拖到舞台右下角

图3-42 将太阳移动到屋顶上

（3）在"太阳"图层的第80帧处插入关键帧，将太阳移动到天空，如图3-43所示。

（4）在"太阳"图层的第160、220帧处插入关键帧，并创建传统补间，在第220帧处将太阳移动到舞台左边，如图3-44所示。

图3-43 将太阳移动到天空

图3-44 将太阳移动到舞台左边

（5）在所有图层第220帧处插入帧。

4）制作黑夜效果

（1）转换到"场景2"，新建一个图层，命名为"黑色块"，把"黑块"元件拖到场景中，在第60帧处插入关键帧。

（2）在第1帧处，把不透明度改为"0"。

（3）在第60帧处，把不透明度改为"80"。

（4）在所有图层第160帧处插入帧。

（5）保存文件，按【Ctrl+Enter】组合键进行影片测试。

案例 3-6　引导层动画——飞机飞行

情境导入

引导层动画又称路径动画，是让物体沿着指定路径运动的动画效果。

案例说明

在Flash中使用引导层，制作飞机沿着指定路径飞行的动画效果。

相关知识

1. 引导层

引导层用来存放路径。引导层中的路径必须是散件。引导层可通过以下两种方法进行设置。

（1）在作为引导层的图层上右击，在弹出的快捷菜单中选择【引导层】命令，可将该图层设置为引导层。该图层上会出现一个锤子的标志（见图3-45），但还要拖动位于【引导层】下方的【被引导层】，让锤子标志变成虚线（见图3-46），才能让【引导层】真正有效。

（2）在作为引导层的图层上右击，在弹出的快捷菜单中选择【传统运动引导层】命令，即可生成引导层和被引导层，不需要再新建引导层，如图3-47所示。

图3-45　锤子标志　　　　　图3-46　虚线标志　　　　　图3-47　传统运动引导

2. 被引导层

被引导层用来存放被引导的对象，这个对象可以是静态的图形，也可以是动态的影片剪辑。

案例实施

1. 设置文档属性

尺寸设置为500像素×400像素，背景颜色默认为白色。

2．绘制纸飞机

（1）运行Flash CS6软件，选择【新建】｜【ActionScript 2.0】选项。

（2）将图层1重命名为"飞机"，在该图层中使用【矩形工具】绘制一个矩形，并设置矩形的笔触颜色为红色，笔触粗细为2，填充颜色为无。并使用【部分选取工具】选中该矩形右边的角点，按【Delete】键删除。选中左下角的角点，调整线段的倾斜程度，做出纸飞机的一部分，如图3-48所示。

（3）选中绘制好的三角形，按住【Alt】键的同时按住鼠标左键拖动，复制出另一个三角形。选中复制出来的三角形，选择【修改】｜【变形】｜【水平翻转】命令。

（4）将两个三角形合并，填充颜色，完成纸飞机的绘制，并将纸飞机转换成图形元件（元件1），如图3-49所示。

3．绘制路径

（1）新建图层2，重命名为"圆"，并在该图层中绘制一个笔触颜色为红色，无填充颜色的圆。

（2）新建图层3，重命名为"引导层"。将"圆"图层的圆形复制，按【Ctrl+Shift+V】组合键将圆粘贴到【引导层】图层上，作为飞机运动的路径，在适当的位置使用【橡皮擦工具】擦出一个缺口。

（3）在【飞机】图层的第1帧，将飞机的中心点与圆缺口的一侧重合，如图3-50所示。

（4）在【飞机】图层的第25帧插入关键帧，将飞机摆放在该位置如图3-51所示，并添加传统补间动画。

图3-48　纸飞机1　　　图3-49　纸飞机　　　图3-50　第1帧　　　图3-51　第25帧

（5）调整三个图层的顺序，如图3-52所示。

（6）在图层引导层上右击，在弹出的快捷菜单中选择【引导层】命令。

（7）按住鼠标左键拖动【飞机】图层，让该图层位于【引导层】图层之下，作为被引导层如图3-53所示。

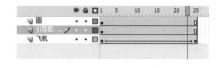　　　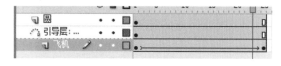

图3-52　图层顺序　　　　　　　　　　图3-53　设置被引导层

（8）为了让飞机紧贴着路径走，选择飞机图层的任意一帧，勾选【调整到路径】复选框即可。

（9）完成后保存文件，按【Ctrl+Enter】组合键进行影片测试。

案例 3-7 引导层动画——蝴蝶飞舞

 情境导入

故事：庄生梦蝶

从前有一天，庄周梦见自己变成了蝴蝶，一只翩翩起舞的蝴蝶。自己非常快乐，悠然自得，不知道自己是庄周。一会儿梦醒了，却是僵卧在床的庄周。不知是庄周做梦变成了蝴蝶呢，还是蝴蝶做梦变成了庄周呢？

这则寓言是表现庄子物思想的名篇。庄子认为人们如果能打破生死、物我的界限，则无往而不快乐。它写得轻灵缥缈，常为哲学家和文学家所引用。

【解释】庄生，战国人庄周。庄周梦见自己变成了蝴蝶。比喻梦中乐趣或人生变化无常。亦作"庄周梦蝶"。

案例说明

蝴蝶飞舞动画效果是Flash动画作品中常见的一种引导层动画。

相关知识

1. 引导线动画

引导线动画又称"路径引导"动画或"轨迹引导"动画，是指动画对象沿着事先设计好的路线轨迹运动，如椭圆、多边形、曲线等。当然，如果路线轨迹是直线，就更没有问题了。引导线动画通过引导层（引导线）和被引导层（动画对象）两部分完成，这两部分缺一不可。

2. 引导线

引导线起到轨迹或辅助线的作用，可以让物体沿着事先设计好的路线移动，看上去更自然，更流畅。

3. 引导层

引导线必须绘制在引导图层中，而使用引导线作为轨迹线的动画对象，其所在图层（被引导层）必须在引导图层的下方。

引导线动画的制作要点：

（1）引导线动画属于动作补间动画，其动画对象必须是元件。

（2）起始关键帧的元件实例的中心应与引导线的起点重合。

（3）结束关键帧的元件实例的中心应与引导线的终点重合。

（4）当引导线为封闭曲线时，系统默认两点间最短的路径为当前运动路径。

（5）引导线只在设计时显示，导出的动画中不显示。

案例实施

（1）打开素材"蝴蝶.fla"，在【属性】面板中，将"尺寸"设置为600像素（宽度）×300像素（高度）。

（2）导入图像。选择【文件导入】|【导入到舞台】命令，将背景图导入到舞台中。并将图片水平居中、垂直居中。

（3）新建图层2，然后从【库】面板中将影片剪辑元件"蝴蝶飞"拖入到舞台的右侧，并在图层1的第170帧处插入帧。

（4）新建引导层。在图层2上右击，在弹出的快捷菜单中选择"添加传统运动引导层"命令。

（5）绘制曲线。使用【铅笔工具】在引导层中绘制一条黑色的曲线，这段曲线就是蝴蝶的运动路线。

（6）移动元件。在图层2的第170帧处插入关键帧，然后选中图层2第1帧中的蝴蝶，将其移动到曲线的始端，注意蝴蝶的中心点要和曲线的始端重合，如图3-54所示。

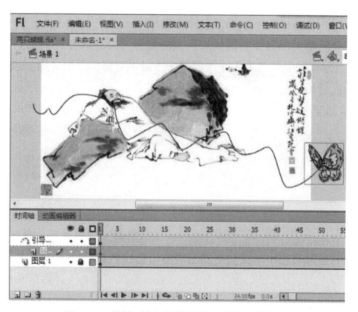

图3-54　将第1帧中的蝴蝶移动到曲线的始端

（7）移动元件。使用【任意变形工具】选中图层2第170帧中的蝴蝶，将其沿着曲线移动到曲线的终点。

（8）创建动画。在图层2的第1帧与第170帧之间创建补间动画。

（9）预览动画。选择【文件】|【保存】命令，保存文件，然后按【Ctrl+Enter】组合键进行影片测试。

案例 3-8　引导层动画——精忠报国

 情境导入

故事：精忠报国

　　岳飞的母亲姚太夫人，是古代四大贤母之一，教子精忠报国。她作为母教典范和妇女楷模，在国家危亡之际，励子从戎，精忠报国，被传为佳话，世尊贤母。

　　岳飞十五六岁时，北方的金人南侵，宋朝当权者腐败无能，节节败退，国家处在生死存亡的关头。岳飞投军抗辽。不久因父丧，退伍还乡守孝。

　　1126年，金兵大举入侵中原，岳飞再次投军。临行前，姚太夫人把岳飞叫到跟前，说："现在国难当头，你有什么打算？""到前线杀敌，精忠报国！" 姚太夫人听了儿子的回答，十分满意，"精忠报国"正是母亲对儿子的希望。她决定把这四个字刺在儿子的背上，让他永远铭记在心。岳飞解开上衣，露出瘦瘦的脊背，请母亲下针。姚太夫人问："孩子，针刺是很痛的，你怕吗？" 岳飞说："母亲，小小钢针算不了什么，如果连针都怕，怎么去前线打仗！" 姚太夫人先在岳飞背上写了字，然后用绣花针刺了起来。刺完之后，岳母又涂上醋墨。

　　从此，"精忠报国"四个字就永不褪色地留在了岳飞的后背上。母亲的鼓舞激励着岳飞。岳飞投军后，很快因作战勇敢升秉义郎。这时宋都开封被金军围困，岳飞随副元帅宗泽前去救援，多次打败金军，受到宗泽的赏识，称赞他"智勇才艺，古良将不能过"，后来成为著名的抗金英雄，为历代人民所敬仰。

　　【解释】精忠报国，为国家竭尽忠诚，牺牲一切。

　　【出处】《北史·颜之仪传》："公等备受朝恩，当尽忠报国。"《宋史·岳飞传》："初命何铸鞫之，飞裂裳以背示铸，有'尽忠报国'四大字，深入肤理。"

案例说明

　　文字沿着同一个圆形轨迹显示出来，很有意思，这种效果属于引导层动画。

相关知识

　　引导层中的曲线轨迹不能是封闭的，否则动画对象会沿着两点之间最短的路径移动。因此，这里的圆轨迹必须擦出一个缺口，文字才会沿着曲线运动。

案例实施

　　（1）新建空白文档，采用默认设置。选择【插入】|【新建元件】命令，打开【创建新元件】对话框。输入元件名称为"背景"，然后选择元件类型为【图形】，最后单击【确定】按钮，进入元件编辑界面。

　　（2）选择【文件】|【导入】|【导入到舞台】命令，打开【导入】对话框，选择需要的素材图片，单击【确定】按钮，导入图片到舞台。单击左上角的【场景1】按钮，返回场景。

　　（3）选择【插入】|【新建元件】命令。输入元件名称为"精"，然后选择元件类型为【图

形】，最后单击【确定】按钮，进入元件编辑界面。在工
具箱中选择【文本工具】，在下方的【属性】面板中进行
设置。在舞台中利用【文本工具】输入文字"精"，并利
用【对齐】面板让文本中心与舞台中心对齐。单击左上角
的【场景1】按钮，返回场景。

（4）使用同样的方法，分别制作"忠""报""国"三
个字的图形元件，最终的"库"面板如图3-55所示。

图3-55 制作另外三个字的图形元件

（5）在场景1中，修改【图层1】的名称为"背景"。从
【库】面板中将图形【背景】元件拖入【背景】图层的第1
帧，并利用【对齐】面板使之与舞台中心对齐。在【背景】
图层的第10帧处插入关键帧；在第50帧处插入帧。在【背景】图层的第1帧处右击，在弹出的快捷
菜单中选择【创建补间动画】命令。

（6）选中舞台中【背景】图层第1帧的实例对象，在【属性】面板中设置【色彩效果】的
【Alpha】值为0%。

（7）在【时间轴】面板中，单击【插入图层】按钮，增加一个新图层，并重命名为"精"，
在【精】图层的第15帧处按【F7】键插入空白关键帧。从【库】面板中将图形元件"精"拖入
该帧。

（8）在【时间轴】面板中，单击【添加运动引导层】按钮，增加一个运动引导层。在运动
引导层的第15帧处按【F7】键插入空白关键帧，如图3-56所示。

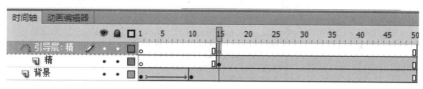

图3-56 添加运动引导层

（9）在引导层的第15帧处，利用【椭圆工具】在舞台右下角的位置绘制一个圆。

（10）利用【橡皮擦工具】在圆轨迹上擦出一个缺口，断开封闭曲线。

（11）在【精】图层的第25帧处按【F6】键插入关键帧。在【精】图层的第15帧处，用鼠
标拖动舞台中的实例对象，将其移动到圆轨迹的起点位置，使之中心与轨迹的起点重合，如
图3-57所示。

（12）在【精】图层的第25帧处，用鼠标拖动舞台中的实例对象，将其移动到圆轨迹的起点
位置，使之中心与轨迹的终点重合，如图3-58所示。

图3-57 设置运动引导线的起点

图3-58 设置运动引导线的终点

（13）在"精"图层的第15帧处右击，在弹出的快捷菜单中选择【创建补间动画】命令。

（14）在【时间轴】面板中单击【精】图层，然后单击【插入图层】按钮三次，在引导层与【精】图层之间增加三个图层，并分别重命名为"忠""报""国"，如图3-59所示。

> **小贴士**
>
> 选择某个图层，然后单击【插入图层】按钮，会在该图层上方插入图层。如果先选择了引导层，然后单击【插入图层】按钮，增加的图层就是普通图层，而不是被引导的图层了。

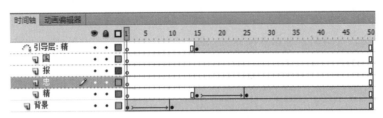

图3-59　增加三个图层

（15）在增加的三个图层的第15帧处分别插入空白关键帧，然后从【库】面板中将对应的图形元件拖入该帧，最后分别在各图层的第25帧处插入关键帧，如图3-60所示。

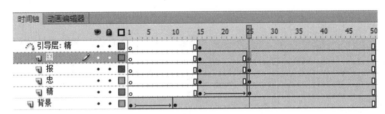

图3-60　当前时间轴效果图

（16）分别移动【忠】图层第15帧起点位置，第25帧终点位置，使其实例对象的中心在引导线上，如图3-61和图3-62所示。

图3-61　"忠"字的起始位置

图3-62　"忠"字的终点位置

（17）分别移动【报】图层第15帧起点位置，第25帧终点位置，使其实例对象的中心在引导线上，如图3-63和图3-64所示。

（18）分别移动【国】图层第15帧起点位置，第25帧终点位置，使其实例对象的中心在引导线上，如图3-65和图3-66所示。

图3-63 "报"字的起始位置

图3-64 "报"字的终点位置

图3-65 "国"字的起始位置

图3-66 "国"字的终点位置

（19）在舞台中分别选中这三个图层第15 帧的对象实例，依次修改各自的Alpha值为"0%"，产生透明效果。分别在这三个围层的第15帧处右击，在弹出的快捷菜单中选择【创建补间动画】命令，如图3-67所示。

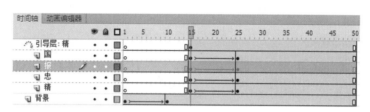
图3-67 各图层创建补间动画

（20）调整各图层的时间帧。在【时间轴】面板的【忠】图层中，选中两个关键帧之间的所有帧，然后往后移动5帧的位置。

（21）在【时间轴】面板的【报】图层中，选中两个关键帧之间的所有帧，然后往后移动10帧的位置。

（22）在【时间轴】面板的【国】图层中，选中两个关键帧之间的所有帧，然后往后移动15帧的位置，此时，【时间轴】面板如图3-68所示。

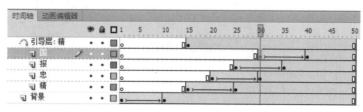
图3-68 调整各图层的时间

（23）保存文件，按【Ctrl+Enter】组合键进行影片测试。

案例 3-9　补间形状动画——绘制矩形

情境导入

形变动画制作主要利用了【补间形状】的动画方式，实现不同图形或文字的变形。

案例说明

在Flash中使用【补间形状】的动画方式，制作出绘制矩形的动画效果。

相关知识

1. 制作补间形状动画的相关要求

（1）第一帧和最后一帧必须为关键帧。

（2）在关键帧上的对象必须为散件。

① 组合对象——组合取消（Ctrl+B/Ctrl+Shift+G）。

② 元件的实例——打散（Ctrl+B）。

③ 导入的位图——打散（Ctrl+B）。

④ 文字——打散（Ctrl+B），若是多个文字需要打散两次。

2. 原位置粘贴的使用

选中对象复制【Ctrl+C】后，在需要粘贴的帧上按【Ctrl+Shift+V】组合键进行粘贴。

案例实施

（1）运行Flash CS6软件，选择【新建】｜【ActionScript 2.0】选项。在【属性】面板中设置尺寸为550像素×300像素，将舞台的颜色设置为蓝色。

（2）选择【视图】｜【标尺】命令，调出标尺，拖出四条辅助线，如图3-69所示。

（3）将图层1重命名为【下线】，将【矩形工具】的笔触颜色设置为无，填充颜色设置为白色，在该图层的第一帧绘制一个小矩形（见图3-70），在第20帧处创建关键帧，并在这个关键帧中使用【任意变形工具】拉长矩形（见图3-71），添加【补间形状】动画。

图3-69　辅助线

图3-70　小矩形

图3-71　下线—拉长矩形

（4）新建图层2，将图层重命名为【右线】，在第21帧处插入关键帧，并复制【下线】图层第一帧的小矩形，粘贴到第21帧的关键帧上，并进行90°翻转（见图3-72）。在第40帧处插入关键帧，定位在第40帧关键帧上，使用【任意变形工具】拉长矩形（见图3-73），添加【补间形状】动画。

（5）新建图层3和图层4，并将两个图层重命名为【上线】和【左线】，并用制作【下线】和【右线】的方法绘制出矩形（见图3-74和图3-75），图层效果如图3-76所示。

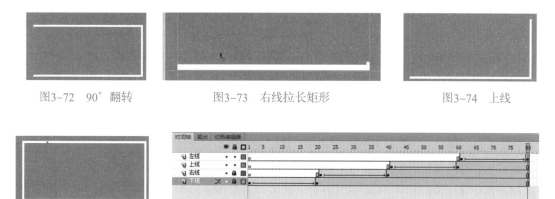

图3-72　90°翻转　　　　　图3-73　右线拉长矩形　　　　　图3-74　上线

图3-75　左线　　　　　　　　　　　图3-76　图层

（6）制作完成后保存文件，按【Ctrl+Enter】组合键进行影片测试。

案例 3-10　补间形状动画——文字变形

情境导入

故事：风吹草动

春秋时代，楚平王重用费无极。大臣伍奢被费无极迫害而死，伍奢的大儿子也被杀死。二儿子伍子胥看情形不对，他赶紧逃命。

一路上躲躲藏藏，有什么风吹或草摇动的声音，他都会被吓到。

有一天，伍子胥来到江边，遇到一个渔翁，伍子胥把事实真相都告诉了他。

后来，渔翁上岸帮他找吃的，伍子胥怕他去告密，就躲在岸上的芦苇丛里。等到渔翁一回来，发现他不在，就要他不用担心，快点出来，让他吃了一顿丰盛的晚餐。当伍子胥要走之前，还叮咛渔翁千万不要跟别人说起见过他的事情。渔翁见伍子胥怀疑自己，为了不让他担心，竟然投江而死。伍子胥非常难过，继续逃亡的生活。

后来，他在吴国受到重用，掌握了吴国的军队，他立刻攻打楚国，报了杀父的深仇大恨。

【解释】风吹草动，风稍一吹，草就摇晃。比喻微小的变动。

【出处】《敦煌变文集·伍子胥变文》："偷踪窃道，饮气吐声。风吹草动，即便藏形。"

实例说明

文字由一个字变化为另外一个字，很有意思，这种效果属于形状补间动画。

相关知识

1．形状补间动画的定义

形状补间动画属于补间动画的一种，主要表现为动画对象的形状、大小、颜色发生变化，从而产生动画效果。

2．形状补间动画的对象

形状补间动画的对象必须是"分离"后的图形。所谓"分离"后的图形，即图形是由无数个点堆积而成的，而并非是一个整体。从操作上区分，就是被选中的形变动画的对象，外部没有一个蓝色边框，而是会显示为掺杂白色小点的图形。

常见的"分离"后的图形有以下几种：

（1）利用绘图工具直接绘制的各种图形，如椭圆、矩形、多边形等。

（2）执行【分离】命令（Ctrl+B）打散后的各种文字。

（3）执行【分离】命令（Ctrl+B）打散后的各种图形图像。

3．形状补间动画制作"三步曲"

（1）制作形状补间动画的"起点"关键帧，也就是动画的初始状态。

（2）制作形状补间动画的"终点"关键帧，也就是动画的结束状态。

（3）在"起点"和"终点"两帧之间添加"创建补间形状"，有以下两种方法：

• 在时间轴面板关键帧处右击，在弹出的快捷菜单中选择【创建补间形状】命令。

• 选择【时间轴】面板上的关键帧，在下方的【属性】面板中设置【补间】为【形状】。

只有以下两个条件同时符合，才表示形状补间动画是成功的。

① 两个关键帧之间的时间轴背景颜色是淡绿色。

② 两个关键帧之间的箭头是连续的。

案例实施

（1）新建文件，大小为670像素×447像素。

（2）将实例制作所需的图片素材"小草.jpg"导入到舞台，并执行"水平居中""垂直居中"将图片放置在舞台正中间，将【图层1】重命名为【背景】，在图层65帧处插入帧。

（3）新建【图层2】，将【图层2】重命名为【文字】，使用【文本工具】设置文字为"华文新魏"，大小为"150"，颜色为"红色"。

（4）使用【文本工具】，在舞台中输入文字"风吹草动"，利用【对齐】面板让文本中心与舞台中心对齐。按【Ctrl+B】组合键两次打散两遍。

（5）在【文字】图层第5、20、25、40、45、60帧处插入关键帧，在第65帧处插入帧。

（6）在【文字】图层第1、5帧处将"吹草动"三字删除。

（7）在【文字】图层第20、25帧处将"风草动"三字删除。

（8）在【文字】图层第40、45帧处将"风吹动"三字删除。

（9）在【文字】图层第60帧处将"风吹草"三字删除。

（10）在【文字】图层第5、25、45帧处右击，在弹出的快捷菜单中选择【创建补间形状】命令。

（11）保存文件，按【Ctrl+Enter】组合键进行影片测试，观看动画。

案例 3-11 补间形状动画——图形与文字变形

情境导入

故事：百闻不如一见

西汉宣帝时期，羌人侵入边界。攻城夺地，烧杀抢掠。宣帝召集群臣计议，询问谁愿领兵前去拒敌。七十六岁的老将赵充国，曾在边界和羌人打过几十年的交道，他自告奋勇，担当这一重任。宣帝问他要派多少兵马，他说："听别人讲一百次，不如亲眼一见。用兵是很难在遥远的地方算计好的。我愿意亲自到那里去看看，然后确定攻守计划，画好作战地图，再向陛下 上奏。"经宣帝同意，赵充国带领一队人马出发。队伍渡过黄河，遇到羌人的小股军队。赵充国下令冲击，一下子捉到不少俘虏。兵士们准备乘胜追击，赵充国阻拦说："我军长途跋涉到此，不可远追。如果遭到敌兵伏击，就要吃大亏!"部下听了，都很佩服他的见识。赵充国观察了地形，又从俘虏口中得知敌人内部的情况，了解到敌军的兵力部署，然后制定出屯兵把守、整治边境、分化瓦解羌人 的策略，上奏宣帝。不久，朝廷就派兵平定了羌人的侵扰，安定了西 北边疆。

【解释】百闻不如一见，意思是听到一百次不如亲眼见一次。表示听得再多也不如亲眼见到一次可靠。

【出处】《汉书·赵充国传》。充国曰："百闻不如一见。兵难渝度，臣愿驰至金城，图上方略。"

案例说明

形状补间动画可以使对象的形状、大小、颜色发生变化，从而产生动画效果。下面制作一个由图形转换为文字的动画，感受形状补间动画的魅力。

相关知识

绘制"五角星"：按住【矩形工具】按钮，在下拉工具列表中选择【多角星形工具】。在【属性】面板中单击【选项】按钮，样式选择【星形】，边数为默认的"5"，单击【确定】按钮，即可绘制五角星。

案例实施

（1）新建文件，使用默认设置。用【矩形工具】绘制一个和背景一样大小的矩形，填充渐变色。并将【图层1】重命名为【背景】，在第40帧处插入帧。

（2）新建【图层2】，新建【五角星】元件。

（3）在【五角星】元件内，用【多角星形】绘制五角星，颜色为"红色"，如图3-77所示。

（4）返回场景1，单击【图层2】，将库中的【五角星】元件拖入舞台

图3-77 绘制五角星

中，缩小放置在底部。

（5）在【图层2】第15帧处插入关键帧，将【五角星】移动放置到左边，并放大。

（6）复制【图层2】5遍，将每一图层第15帧的五角星移动至合适位置，效果如图3-78所示。

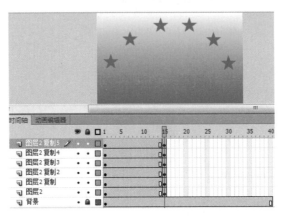

图3-78　时间轴和舞台效果

（7）将各图层重命名，时间轴如图3-79所示。

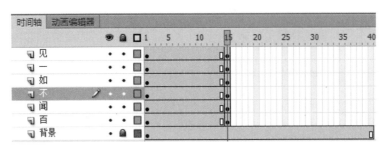

图3-79　时间轴重命名效果

（8）在【闻】、【不】、【如】、【一】、【见】图层第15帧处，选中"五角星"，在【属性】面板的【色彩效果】区域设置【样式】为【色调】，五角星颜色更改效果如图3-80所示。

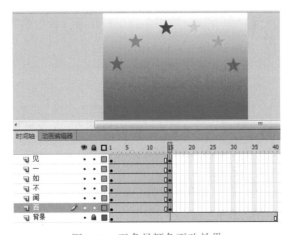

图3-80　五角星颜色更改效果

（9）在【百】、【闻】、【不】、【如】、【一】、【见】图层第1帧处，在【属性】面板的【旋转】区域设置【方向】为【顺时针】。

（10）在【百】、【闻】、【不】、【如】、【一】、【见】图层第2帧处右击，在弹出的快捷菜单中选择【创建补间形状】命令。

（11）在【百】、【闻】、【不】、【如】、【一】、【见】图层第20帧处插入关键帧，并按【Ctrl+B】组合键打散图形。

（12）将元件打散后，五角星全部变成红色，此时修改25帧各个五角星的颜色，效果如图3-81所示。

（13）在【百】、【闻】、【不】、【如】、【一】、【见】图层第35帧处插入空白关键帧，单击【时间轴】面板下方的【绘图纸外观轮廓】，输入文字，将文字放置在五角星的中间位置，效果如图3-82所示。

图3-81 五角星更改颜色效果

图3-82 文字效果

（14）将【百】、【闻】、【不】、【如】、【一】、【见】图层第35帧处的文字按【Ctrl+B】打散，并"创建补间形状"。在第40帧处插入帧，单击【时间轴】面板下方的【绘图纸外观轮廓】，去除"绘图纸外观轮廓"效果，效果如图3-83所示。

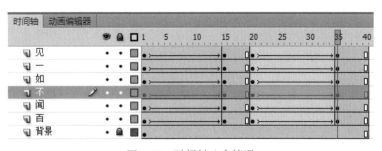

图3-83 时间轴分布情况

（15）保存文件，按【Ctrl+Enter】组合键进行影片测试，观看动画。

案例 3-12 动画预设——飞船动画

情境导入

中国航天发展四大里程碑：

1．第一个想到利用火箭飞天的人——明朝的万户

14纪末期，明朝的士大夫万户把47个自制的火箭绑在椅子上，自己坐在椅子上，双手举着大风筝。他最先开始设想利用火箭的推力，飞上天空，然后利用风筝平稳着陆。不幸火箭爆炸，万户也为此献出了宝贵的生命。但他的行为却鼓舞和震撼了人们的内心。促使人们更努力地去钻研。

2．东方红一号——中国第一颗人造卫星

1970 年，中国第一颗人造卫星"东方红一号"成功升空，成为中国航天发展史上第二个里程碑。

3．载人航天

2003 年10 月15 日，中国神舟五号载人飞船升空，表明中国掌握载人航天技术，成为中国航天事业发展史上的第三个里程碑。

4．深空探测——嫦娥奔月

2007年10月24日18时05分，随着嫦娥一号成功奔月，嫦娥工程顺利完成了一期工程。
此后，神舟九号与天宫一号相继发射，并成功对接。
2016年9月15日22时04分09秒，天宫二号空间实验室在酒泉卫星发射中心发射成功。

案例说明

本案例应用动画预设制作一个飞船的飞入与飞出效果。

相关知识

1．动画预设的定义

动画预设是Flash内置的补间动画，其可以被直接应用于舞台上的实例对象。使用动画预设，可以节约动画设计和制作的时间，极大地提高了工作效率。

2．动画预设的种类

（1）默认预设。在Flash CS6中，默认预设有2D放大等。

（2）自定义预设。自定义预设是可以根据需要自己定义动画预设。

案例实施

（1）运行Flash CS6软件，选择【新建】|【ActionScript 2.0】选项。

（2）把舞台大小设置为宽900像素，高400像素。

（3）选择【文件】|【导入】|【导入到舞台】命令（快捷键【Ctrl+R】），把飞船动画素材图片导入到舞台。

（4）选择【窗口】|【动画预设】命令，如图3-84所示，打开【动画预设】面板，如图3-85所示。

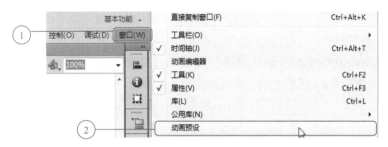

图3-84 动画预设

图3-85 【动画预设】面板

（5）在【动画预设】面板中双击【默认设置】图标，打开【默认设置】对话框。

（6）选择场景中的飞船图片，单击【飞入后停顿再飞出】│【确定】按钮。

（7）在【时间轴】面板上自动生成4个关键帧和补间动画，同时场景中自动生成一条绿色的飞行中路线和关键点，如图3-86所示。

（8）用户可根据需要添加帧或者调节关键帧位置，如图3-87所示。

（9）保存文件，按【Ctrl+Enter】组合键进行影片测试。

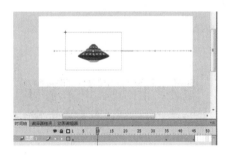
图3-86 自动生成4个关键帧和补间动画

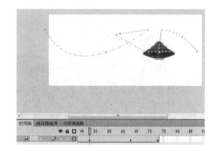
图3-87 添加帧或者调节关键帧位

案例 3-13 动画预设——3D 文字滚动

故事：悬崖勒马

从前，有一个富商为了让自己整天赌博、不求上进的儿子改邪归正，就决定冒险。他带儿子骑马走到一个万丈悬崖边，然后对儿子说："孩子呀，悬崖勒马还不算迟。你现在整天不务正业，只知道赌博，实际就像站在悬崖边上一样，总有一天你会身败名裂的。"

儿子听后，感到很后悔，从此就戒了赌，开始好好地做人了。

【解释】在高高的山崖边勒住马。比喻到了危险的边缘及时清醒回头。

【出处】《花月痕》。

案例说明

本案例应用动画预设制作一个3D文字滚动效果。

案例实施

（1）运行Flash CS6软件，选择【新建】|【ActionScript 2.0】选项。

（2）把舞台大小设置为宽700像素、高500像素，把【图层1】重命名为【背景】。

（3）选择【文件】|【导入】|【导入到舞台】命令（快捷键【Ctrl+R】）把素材图片导入舞台中，并把图片调整成和舞台一样大小，锁定【背景】图层。

（4）新建图层，重命名为【文字】。

（5）选择【文本工具】。

（6）绘制文本框，如图3-88所示。

（7）输入或者粘贴文本，并设置好相关格式（标题大小：55，字体：隶书；正文大小：26，字体：微软雅黑），如图3-89所示。

图3-88　绘制文本框

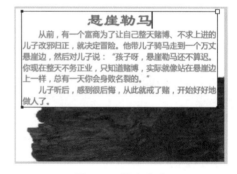

图3-89　输入文本

（8）将文本移动到舞台下面，如图3-90所示。

（9）选择【窗口】|【动画预设】命令，打开【动画预设】面板。

（10）在【动画预设】面板中双击【默认设置】，展开默认设置列表。

（11）选择场景中的文本内容，在默认设置列表中选择【3D文本滚动】选项，单击【应用】按钮。

（12）在【时间轴】上自动生成1个关键帧和补间动画，同时场景中自动生成一条紫色的飞行中路线和关键点，如图3-91所示。

（13）用户可根据需要添加帧或者调节关键帧位置。

（14）保存文件，按【Ctrl+Enter】组合键进行影片测试。

图3-90　移动文本　　　　　　　　　　图3-91　自动生成1个关键帧和补间动画

案例 3-14　动画编辑器——精益求精

 情境导入

故事：精益求精

从前，有一个小木匠出外做工。时值秋天，要回家收秋。几个月下来整天忙于工作，挣了许多银子。可是自己的头发也长得很长了，要回家啦，怎么也得剃剃头吧。小木匠挑着自己的家伙事正走着，看到一家理发摊点，只见一位理发师傅，白白胖胖，粗手粗脚，看起来很笨拙，身穿白大褂，坐在凳子上抽着烟，很悠闲的样子，看来还没生意。

小木匠心想正好在这里剃吧。走到理发师傅面前，放下自己的挑子，摸了摸自己压得难受的肩膀，伸了伸腰说："师傅，生意可好啊！"。

理发师傅赶忙赔上笑脸："借你吉言还好，要剃头吗？"

小木匠说："是啊，要回家收秋啦，剃个光头吧"。

"好嘞"理发师傅边说边倒热水，边招呼客人坐下。小木匠稳稳地坐下后，理发师傅仔仔细细地给小木匠洗好头，不慌不忙地拿出剃头刀边说："师傅有三个月没理发了吧。"

小木匠略一掐算："师傅好眼力，整整三个月，一天不差。"

理发师傅说："师傅喂，我要开始剃啦。"说着，将剃头刀在小木匠的眼前一晃，手指一搓向上一扔，只见剃头刀滴溜溜打着转，带着渗人的寒风向空中飞去，当刀落下时，只见理发师傅手疾眼快，一伸手稳稳地接住剃头刀，并顺势砍向小木匠的头，这下可把小木匠给吓坏啦。"啊！"声还没叫出，直感觉头皮一凉，紧接着听到"嚓"的一声，一缕头发已经被削下，这时小木匠才"啊"的一声，刚要一闪："你要干什么？"。理发师傅用肥胖的手往下一摁说："别动。"说着，刀又旋转着飞向空中，小木匠用力挣扎着要闪，可是理发师傅按得紧紧的不能动弹，说时迟那时快剃头师傅一接旋转的刀，嚓的一声又是一缕头发落地，小木匠脸都吓白啦，又不能挣脱，只好闭上眼睛，心想："这下完了，小命儿不保啦。"。只见理发师傅就这样一刀接一刀，三下五除二，不一会儿就给小木匠剃好了头，拿过镜子一照，嘿，一点没伤着，而且剃的锃光瓦亮。

这时小木匠才长舒一口气，从惊悸中苏醒过来，但浑身还在颤抖。突然，一只苍蝇嗡嗡着正好落在理发师傅的鼻子尖上，小木匠手疾眼快，从自己的挑子中抽出锛子抡圆了照着理发师傅砍去。这是理发师傅刚要用手赶走落在鼻子上的苍蝇，只见小木匠双手一起，不知什么东西砸向自己，只感到眼前一晃，一阵风，从面前吹过。理发师傅更是吓了一跳，只见小木匠将锛子头向他面前一伸，上面半只苍蝇的两只翅膀还在呼扇，小木匠又拿了镜子给理发师傅一照，理发师傅又看见另一半苍蝇落在自己的鼻子上，两只前腿还在伸张。原来，活活的一只苍蝇被小木匠这一锛子劈为了两半。看完两个人哈哈大笑，相互佩服对方的技艺精湛。

【解释】精益求精，比喻已经很好了，还要求更好。

【出处】《论语·学而》。

案例说明

本实例应用动画预设和动画编辑器制作一个效果。

相关知识

1. 如何使用Flash动画编辑器

在Flash中，使用动画编辑器可以查看所有补间属性以及属性关键帧，还可以精准地调整动画属性，等等。利用Flash创建复杂的补间动画时，还提供了向补间添加特效等功能，更方便用户制作较为复杂的动画。下面学习关于动画编辑器的基础制作。

使用Flash中的动画编辑器可以很方便地创建出复杂的补间动画。动画编辑器将应用到选定补间范围的所有属性显示为由一些二维图形构成的缩略视图。用户可以修改其中的每个图形，从而可单独修改其相应的各个补间属性。通过精确控制和高粒度化，可以使用动画编辑器极大地丰富动画效果，从而模拟真实的行为。

1）动画编辑器

动画编辑器的设计旨在让用户轻松地创建复杂的补间动画。使用动画编辑器，用户可以控制补间的属性并对其进行操作。创建补间动画之后，可以利用动画编辑器精确调整补间。动画编辑器允许一次选择并修改一个属性，从而实现对补间的集中编辑。

2）为什么使用动画编辑器

动画编辑器对补间及其属性提供了粒度化控制。以下目标只能借助动画编辑器来实现：

（1）在一个单独的面板中即可以轻松访问和修改应用于某个补间的所有属性。

（2）添加不同的缓动预设或自定义缓动：使用动画编辑器可以添加不同预设、添加多个预设或创建自定义缓动。对补间属性添加缓动是模拟对象真实行为的简便方式。

（3）合成曲线：用户可以对单个属性应用缓动，然后使用合成曲线在单个属性图上查看缓动的效果。合成曲线表示实际的补间。

（4）锚点和控制点：用户可以使用锚点和控制点隔离补间的关键部分并进行编辑。

（5）动画的精细调整：动画编辑器是制作某些种类动画的唯一方式，如对单个属性通过调整其属性曲线来创建弯曲的路径补间。

2．基础操作概述

1）打开动画编辑器面板

创建一个补间动画，使用动画编辑器调整该补间的操作步骤如下：

在【时间轴】上，选择要调整的补间动画，双击该补间范围。也可以右击该补间范围，在弹出的快捷菜单中选择调整补间调出动画编辑器。

2）属性曲线

动画编辑器使用二维图形（称为属性曲线）表示补间的属性。这些图形合成在动画编辑器的一个网格中。每个属性有自己的属性曲线，横轴（从左至右）为时间，纵轴为属性值的改变。

可以通过在动画编辑器中编辑属性曲线来操作补间动画。因此，动画编辑器使得属性曲线的顺畅编辑更为容易，从而使用户可以对补间进行精确控制。可以通过添加属性关键帧或锚点来操作属性曲线。用户可以对属性曲线的关键部分进行操作，这些关键部分就是让补间显示属性转变的位置。

需要注意，动画编辑器只允许编辑那些在补间范围中可以改变的属性。例如，渐变斜角滤镜的品质属性在补间范围中只能被指定一个值，因此不能使用动画编辑器来编辑它。

3）锚点

为了达到对属性曲线的更好控制，通过锚点可以对属性曲线的关键部分进行明确修改。在动画编辑器中可以通过添加属性关键帧或锚点来精确控制大多数曲线的形状。

锚点在网格中显示为一个正方形。使用动画编辑器，可以通过对属性曲线添加锚点或修改锚点位置来控制补间的行为。添加锚点时，会创建一个角，这是曲线中穿过角度的位置。不过，可以对控制点使用贝塞尔控件，以平滑任一段属性曲线。

4）控制点

为了平滑或修改锚点任一端的属性曲线，可以通过控制点来实现。使用标准贝塞尔控件可以修改控制点。

5）编辑属性曲线

要编辑补间的属性，可执行以下操作：

在Flash中，选中一个补间范围并右击，在弹出的快捷菜单中选择调整补间调出动画编辑器（或者双击选定的补间范围）。

向下滚动，选择想要编辑的属性。

出现选定属性的属性曲线时，可选择执行以下操作：

添加锚点，单击属性曲线上要添加锚点的帧。或者双击曲线添加一个锚点。

选择一个现有锚点（任一方向），将其移动到网格中需要的帧处。垂直方向的移动受属性值范围的限制。

删除锚点，方法是选择一个锚点，然后按住【Ctrl】键单击（在MAC中，按住【Cmd】键单击）。

6）使用控制点编辑属性曲线

要使用控制点编辑属性曲线，可执行以下操作：

在Flash中，选中一个补间范围并右击，在弹出的快捷菜单中选择调整补间调出动画编辑器

（或者双击选定的补间范围）。

向下滚动，选择想要编辑的属性。

出现选定属性的属性曲线时，可选择执行以下操作：

添加锚点，单击网格中要添加锚点的帧。或者双击曲线添加一个锚点。

选择网格中一个现有的锚点。

选中锚点后，按住【Alt】键垂直拖动它以启用控制点。可以使用贝塞尔控件修改曲线的形状，从而平滑角线段。

7）复制属性曲线

可以在动画编辑器中为多个属性复制属性曲线。

要复制属性曲线，可执行以下操作：

在Flash中，选中一个补间范围并右击，在弹出的快捷菜单中选择调整补间调出动画编辑器（或者双击选定的补间范围）。

选择要复制其曲线的属性，在弹出的快捷菜单中选择【复制】命令，或者按【Ctrl+C】组合键（在MAC中，按【Cmd+C】组合键）。

选择要在其中粘贴所复制属性曲线的属性并右击，在弹出的快捷菜单中选择【粘贴】命令，或者按【Ctrl+V】组合键（在MAC中，按【Cmd+V】组合键）。

8）翻转属性曲线

要翻转属性曲线，可执行以下操作：

在动画编辑器中选择一个属性并右击，在弹出的快捷菜单中选择【翻转】命令即可翻转属性曲线。

9）应用预设缓动和自定义缓动

通过缓动可以控制补间的速度，对补间动画应用缓动，可以对动画的开头和结束部分进行操作，以使对象的移动更为自然，从而产生逼真的动画效果。例如，有一种情况经常使用缓动，即在对象的运动路径结尾处添加逼真的加速或减速效果。在一个坚果壳中，Flash根据对属性应用的缓动，来改变属性值的变化速率。

缓动可以简单，也可以复杂。Flash包含多种适用于简单或复杂效果的预设缓动。用户还可以对缓动指定强度，以增强补间的视觉效果。在动画编辑器中，还可以自定义缓动曲线。

因为动画编辑器中的缓动曲线可以很复杂，所以可以使用它们在舞台上创建复杂的动画而无须在舞台上创建复杂的运动路径。除空间属性"X位置"和"Y位置"外，还可以使用缓动曲线创建其他任何属性的复杂补间。

10）自定义缓动

自定义缓动允许用户使用动画编辑器中的自定义缓动曲线创建自己的缓动。然后可以将此自定义缓动应用到选定补间的任何属性。

自定义缓动图表示动作随时间变化的幅度。横轴表示帧，纵轴表示补间的变化比例。动画中的第一个值在0%的位置，最后一个关键帧可以设置为0%～100%之间的值。补间实例的变化速率由图形曲线的斜率表示。如果在图中创建的是一条水平线（无斜度），则速率为0；如果在图中创建的是一条垂直线，则会有一个瞬间的速率变化。

11）对属性曲线应用缓动曲线

要对补间的属性添加缓动，可执行以下操作：

在动画编辑器中，选择要对其应用缓动的属性，然后单击【添加缓动】按钮，打开【缓动】面板。

在【缓动】面板中可以选择：

从左窗格选择一个预设，以应用预设缓动。在【缓动】字段中输入一个值，以指定缓动强度。

选择左窗格中的【自定义缓动】然后修改缓动曲线，以创建一个自定义缓动。有关更多信息，请参阅创建和应用自定义缓动曲线。

单击"缓动"面板之外的任意位置关闭该面板。请注意，【添加缓动】按钮会显示用户应用到属性的缓动的名称。

12）创建和应用自定义缓动曲线

要对补间属性创建和应用自定义缓动，可执行以下操作：

在动画编辑器中，选择要对其应用自定义缓动的属性，然后单击【添加缓动】按钮以显示【缓动】面板。

在【缓动】面板中，可通过以下方式修改默认的自定义缓动曲线：

按住【Alt】键单击曲线，在曲线上添加锚点。然后可以将这些点移动到网格中任何需要的位置。

对锚点启用控制点（按住【Alt】键单击锚点），以平滑锚点任一端的曲线段。

单击【缓动】面板外部关闭该面板。需要注意，【添加缓动】按钮会显示"自定义"字样，表示对属性应用了自定义缓动。

13）复制缓动曲线

要复制缓动曲线，可执行以下操作：

在【缓动】面板中，选择要复制的缓动曲线，然后按【Ctrl+C】组合键（在MAC中，按【Cmd+C】组合键）。

选择要在其中粘贴所复制缓动曲线的属性，然后按【Ctrl+V】组合键（在MAC中，按【Cmd+V】组合键）。

14）对多个属性应用缓动

现在可以对属性组应用预设缓动或自定义缓动了。动画编辑器将属性按层次结构组织成属性组和一些子属性。在此层次结构中，用户可以选择对任一级别的属性（即单个属性或属性组）应用缓动。

需要注意，在对某个属性组应用缓动之后，用户还可以继续编辑各个子属性。这也就意味着，用户可以对某个子属性应用另外不同的缓动（不同于对组应用的缓动）。

要对多个属性应用缓动，可执行以下操作：

在动画编辑器中，选择该属性组，然后单击【添加缓动】按钮，打开【缓动】面板。

在【缓动】面板中，选择一个预设缓动或创建一个自定义缓动。单击【缓动】面板之外的任意位置，即可对该属性组应用选定的缓动。

15）合成曲线

对属性曲线应用缓动曲线时，网格中便会显示一条视觉叠加曲线，称为合成曲线。合成曲线可精确表示应用于属性曲线的缓动效果。它显示了补间对象的最终动画效果。测试动画时，合成曲线可以让用户更易于了解在舞台上看到的效果。

16）控制动画编辑器的显示

在动画编辑器中，可以控制显示要编辑哪些属性曲线以及每条属性曲线的显示大小。以大尺寸显示的属性曲线更易于编辑。

新的动画编辑器只显示应用于补间的那些属性。

可以使用【适合视图】切换按钮让动画编辑器适合时间轴的宽度。

可以调整动画编辑器的大小，并使用时间轴缩放控件选择显示更少或更多的帧。还可以使用滑块设置动画编辑器的合适视图。

动画编辑器还具有垂直缩放切换功能。可以使用【垂直缩放】在动画编辑器内显示属性值的适当范围。借助放大功能还可以对属性曲线进行更为精细地编辑。

默认情况下，属性在动画编辑器的左窗格中是展开显示的。不过，单击属性名称可折叠下拉列表。

17）键盘快捷键

双击属性曲线可以添加锚点。

按住【Alt】键拖动锚点可以启用控制点。

按住【Alt】键拖动选定控制点可对其进行操作（单侧编辑）。

按住【Alt】键单击锚点可禁用控制点（角点）。

按住【Shift】键拖动锚点可沿直线方向移动它。

按住【Command/Control】键单击锚点可删除它。

【上下箭头】键：垂直移动选定锚点。

【Command/Control+C/V】：复制/粘贴选定曲线。

【Command/Control+R】：翻转选定曲线。

【Command/Control+滚动鼠标】：放大/缩小。

案例实施

1．制作动画预设效果

（1）运行Flash CS6软件，选择【新建】|【ActionScript 3.0】选项。

（2）把【图层1】重命名为【背景】，绘制一个长方体，填充渐变色，如图3-92所示。

（3）新建图层，重命名为【球】，在场景中绘制一个球，如图3-93所示。

（4）选择【窗口】|【动画预设】命令，打开【动画预设】面板。

（5）在"动画预设"对话框中双击【默认设置】，展开默认设置列表。

（6）选择场景中的文本内容，单击【多次跳跃】选项，单击【应用】按钮。

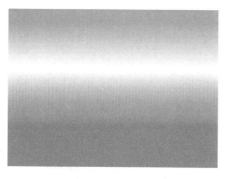

图3-92　绘制背景图

图3-93　绘制球

（7）在时间轴上自动生成10个关键帧和补间动画，同时场景中自动生成一条绿色的运动路线和关键点，如图3-94所示。

（8）保存文件，按【Ctrl+Enter】组合键进行影片测试。

2．动画编辑器应用

（1）在【时间轴】上选择【球】图层的第35帧，如图3-95所示。

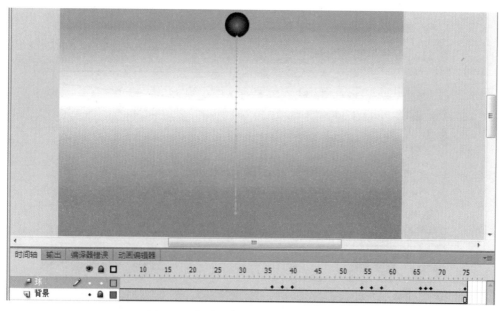

图3-94　自动生成10个关键帧和补间动画

（2）打开【动画编辑器】面板，如图3-96所示。

（3）在动画编辑器中，调整【转换】参数，缩放X：150%，Y：80%，把缓动调成"1-简单（慢）"，如图3-97所示。

（4）在【动画编辑器】中，单击【滤镜】右边的加号，在弹出的菜单中选择【投影】命令，如图3-98所示。

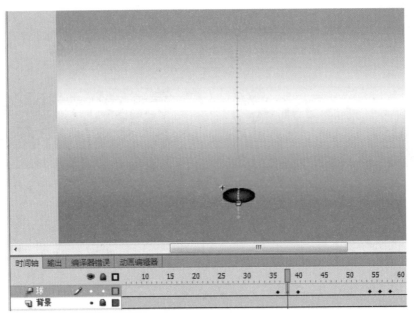

图3-95　选择【球】图层第35帧

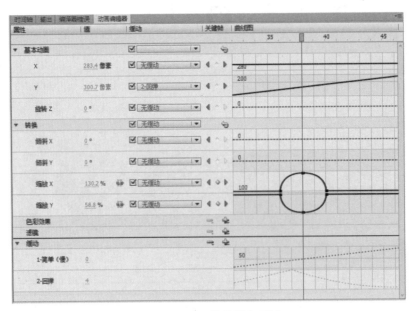

图3-96　【动画编辑器】面板

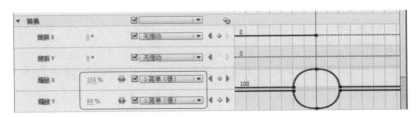

图3-97　调整【转换】参数

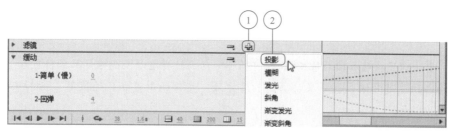

图3-98 选择【投影】命令

（5）在【动画编辑器】中，单击【投影】区域，设置"品质"为"高"，"颜色"为"黄色"，把缓动调成"1-简单（慢）"，如图3-99所示。

（6）保存文件，按【Ctrl+Enter】组合键进行影片测试，如图3-100所示。

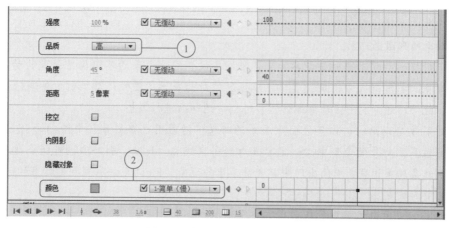

图3-99 设置【投影】区域参数

图3-100 案例3-14精益求精2 动画效果

小　结

本章主要介绍了图层和帧的基本操作，Flash中动画的类型以及逐帧动画的特点和创建方法、传统补间动画的创建方法、引导层动画的创建方法、元件的创建和库的使用。在本章的学习中还应注意以下几点：

- 每个图层都拥有相对独立的时间轴，可以在不同的图层上制作动画的不同部分。
- Flash中的帧分为关键帧、空白关键帧和普通帧三种类型，在制作动画的过程中，不同类型帧的作用也不相同。
- Flash中的动画分为逐帧动画和补间动画两种，逐帧动画具有动作细腻、流畅的特优点，但也具有制作复杂、输出文件容量较大的缺点。
- 传统补间动画是指在前后两个关键帧中放置同一元件实例，用户只需对着两个关键帧上的元件实例的位置、角度、大小和透明度等进行设置，然后由Flash自动生成中间各帧上的对象所形成的动画。
- 基于对象的补间动画也是在不同的关键帧中设置同一对象的不同属性形成的动画。但基于对象的补间动画中用来设置对象属性的帧称为属性关键帧，其编制方法与传统中的不同，此外，还可利用【动画编辑器】对创建的动画进行调整。
- 创建引导层动画时，位于被引导层中的对象将沿着用户在引导层中绘制的引导线运动。需要注意，对象的变形中心一定要吸附到引导线上。此外，引导线的转折点过多、转折处的线条转弯过急、中间出现中断或交叉重叠现象，Flash无法准确判定对象的运动路径，导致引导失败。
- 形状补间动画是指一个形状变成另一个形状的动画效果。在创建形状补间动画时，只需设置前后两个关键帧中的图形形状即可。此外，还可使用形状提示来约束前后两个关键帧上形状的变化。
- 在传统补间动画和补间动画的开始帧及结束帧中只能有一个补间对象。其中，传统补间动画的创建对象只能是元件实例，基于对象的补间动画的创建对象可以是元件实例或文本，而形状补间动画的创建对象只能是分离的矢量图形。
- 若在创建传统补间动画或形状补间动画后，开始与结束帧之间不是箭头而是虚线，表示补间动画没有创建成功。
- 在制作大型的Flash动画时，将动画的不同部分放置在不同场景中，有利于对动画进行编辑和管理。
- 利用动画预设面板可以快捷地为对象添加Flash预设的动画效果。

练习与思考

一、填空题

1. Flash CS6动画文件的扩展名为_____，播放动画后，生成播放文件的扩展名为

_____。

2. Flash CS6默认情况下创建的文档所使用的脚本语言是_____。

3. _____位于工作界面的正中间部位，是放置动画内容的矩形区域。

二、选择题（1～4单选，5～6多选）

1. Flash CS6的时间轴中，主要包括（　　）部分。

　　A. 图层、帧和播放头　　　　　　　　B. 图层、帧和帧标题

　　C. 图层文件夹、图层和帧　　　　　　D. 图层文件夹、播放头、帧标题

2. 在Flash CS6开始页面中，无法直接建立（　　）文件。

　　A. Flash文档　　　　B. 幻灯片放映文件　　C. GIF文件　　　　D. Flash项目

3. 在Flash CS6中，通过快捷键（　　）可以在所有面板之间进行关闭/打开切换。

　　A. F1　　　　　　　　B. F4　　　　　　　　C. Tab　　　　　　　D. Ctrl+Tab

4. 以下是对Flash【撤销】菜单命令的描述，其中正确的是（　　）。

　　A. 默认支持的撤销级别数为50　　　　B. 撤销级别数固定不变

　　C. 可设置的撤销级别数是从2～300　　D. 可设置的撤销级别数是从2～1000

5. 以下对Flash舞台和工作区的陈述中错误的是（　　）。

　　A. 舞台位于文档窗口的中间，默认为白色，也可设置为其他颜色

　　B. 工作区位于舞台的周围，显示为灰色，为固定大小

　　C. 放置在舞台和工作区中的内容都会显示在最终的SWF文档中

　　D. 工作区可以根据内容的增加而进行扩展，以方便放置更多对象

6. 【历史记录】面板的使用可以方便地撤销和重做相关操作，下列说法正确的是（　　）。

　　A. 如果撤销了一个步骤或一系列步骤，然后又在文档中执行了某些新步骤，则无法再重做已撤销的那些步骤，它们已从面板中消失

　　B. 在撤销了【历史记录】面板中的某个步骤之后，如果要从文档中除去删除的项目，可使用【保存并压缩】命令

　　C. 默认情况下，Flash的【历史记录】面板支持的撤销次数为100

　　D. 可以在Flash的【首选参数】中选择撤销和重做的级别数（从2～9999）

第4章

高级动画类型的制作

 学习目标

- 掌握遮罩动画的应用
- 掌握 Deco 工具的应用

案例4-1 遮罩动画——遮罩文字

情境导入

成语：火树银花

睿宗是唐代君主中最会享乐的一位皇帝，虽然他只当了三年的皇帝，但不管什么佳节，他总要用很多的物力人力去铺张一番，供他游玩。他每年逢正月元宵的夜晚，一定扎起二十丈高的灯树，点起五万多盏灯，号为火树。

后来诗人苏味道就拿这个做题目，写了一首诗，描绘它的情形。他的《正月十五夜》约道："火树银花合，星桥铁锁开，暗尘随马去，明月逐人来。游伎皆秾李，行歌尽落梅，金吾不禁夜，玉漏莫相催。"这首诗把当时热闹的情况，毫无隐瞒地描写出来，好像活跃在我们读者的眼前。这句成语是形容灯火盛的地方，望上去好像是火树银花的样子。所以凡是繁盛的都市，或有盛大的集会在夜间举行，灯光灿烂，都用这句话去形容它。

【解释】火树：火红的树，指树上挂满彩灯；银花：银白色的花，指灯光雪亮。形容张灯结彩或大放焰火的灿烂夜景。

【出处】①典出《南齐书·礼志上·晋傅玄朝会赋》：华灯若乎火树，炽百枝之煌煌。②又见唐·苏味道《正月十五夜》诗："火树银花合，星桥铁锁开。"

案例说明

遮罩文字效果是Flash文字动画作品中，常见美化文字的效果。

相关知识

1. 遮罩动画的相关概念

遮罩又称"蒙版"，是Flash动画中很常用也很实用的功能。简单地说，就是通过上面的某个形状的"孔"，有选择地显示下方的内容。"孔"之外的其他对象，都无法显示出来。

在【时间轴】面板上方的图层称为"遮罩层"，下方称为"被遮罩层"，如图4-1所示。

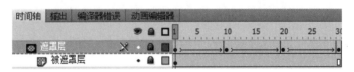

图4-1 遮罩效果的图层效果图

1）遮罩层

遮罩层就是通常意义上的"孔"，在最终的遮罩效果中会显示出遮罩的形状，但不能显示出遮罩本来的颜色。

遮罩项目可以是填充的形状、文字对象、图形元件的实例或影片剪辑，但不能是普通的线条。如果定要使用线条作为遮罩层，则必须将线条转换为填充后才能使用（选择【修改】|【形

状】|【将线条转换为填充】命令）。

2）被遮罩层

被遮罩层就是放置需要被显示内容的图层，无论图形（包括线条），还是文字图片，都可以被遮罩显示。

在一个遮罩效果中，遮罩图层只能有一个，但被遮罩图层可以有多个，可以将多个图层组织在一个遮罩层下创建复杂的效果。

2. 创建遮罩动画

在Flash CS6中没有专门的按钮创建遮罩层，在【时间轴】面板上右击某个图层，在弹出的快捷菜单中选择【遮罩层】命令，就可以将该图层转换为"遮罩层"，Flash 会自动将遮罩层的下层关联为"被遮罩层"，在缩进的同时，图标变为被遮罩层图标。

案例实施

（1）启动Flash，新建一个文档。单击【属性】按钮，打开【属性】面板，单击【大小】右侧的【编辑】按钮，打开【文档设置】对话框，【尺寸】设置为600像素（宽度）×400像素（高度），【舞台】颜色设置为【黑色】。

（2）在【属性】面板中，将【系列】设置为【华文琥珀】，文字大小设置为120，【颜色】设置为【白色】，如图4-2所示。

（3）选择【文本工具】，在舞台窗口中输入文本"火树银花"。

（4）导入背景图像。新建图层2，将其拖动到图层1的下方，然后导入背景图到舞台中，如图4-3所示。

图4-2　在场景中输入文字

图4-3　导入背景图到舞台中

（5）插入帧与关键帧。在图层1的第60帧处插入帧，在图层2的第60帧处插入关键帧。

（6）创建动画。将图层2的第60帧处的图像向左移动，然后在图层2的第1帧与第60帧之间创建动作补间动画。

（7）制作遮罩层动画。在图层1上右击，在弹出的快捷菜单中选择【遮罩层】命令，设置效果如图4-4所示。

图4-4　设置遮罩层

（8）遮罩文字制作完成。按【Ctrl+Enter】组合键测试影片，即可观看到美丽的遮罩文字。

案例 4-2　遮罩效果——被探照灯照亮的文字

情境导入

故事：脚踏实地

司马光，字君实，夏县涑水乡人，人称涑水先生。他是宋代著名的历史学家，我国第一部编年体通史《资治通鉴》的主编。这部巨著在我国史学史上占有重要地位。司马光青年时代就喜好研究历史，读过不少史书。宋英宗时，他受命主编《通鉴》，前后十九年中，无时无刻不在努力钻研，专心写作。他的工作态度非常严谨，对许多章节都做了反复修改。全书编成时共二百九十四卷，另有目录三十卷，《考异》三十卷，包括上起战国，下至五代，共一千三百六十多年的历史。宋神宗将这部书定名为《资治通鉴》。宋神宗熙宁三年，司马光因反对王安石变法离开京师，住在洛阳独乐园。这段时间里他经常与邵雍闲游谈心。有一次，司马光问邵雍："你看，我这个人怎么样？"邵雍回答说："君实是一个脚踏实地的人啊！"邵雍对司马光的评价确实恰如其分，不愧是司马光的知己。

【解释】脚踏实地，本义指双脚在地面上站稳，踏踏实实做事。形容做事认识，作风质朴，不虚夸，不浮华，不投机取巧。

【出处】《邵氏见闻录》

案例说明

在本节中，首先绘制探照灯投射的光斑，并在新图层输入一段文字，然后将文字图层设置为遮罩层，被遮罩的光斑往复运动便形成了被探照灯照亮的文字动画效果。通过该案例将体会到被遮罩图层设置动画后的奇妙效果。

相关知识

遮罩动画的制作要点

（1）遮罩效果的颜色取决于被遮罩图层对象的颜色。

例如，图4-5和图4-6文字均为黑色，图4-5形状为蓝色，图4-6形状为红色，两种遮罩效果分别如图4-5和图4-6所示。

图4-5　遮罩效果的颜色一

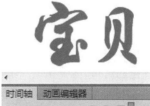

图4-6　遮罩效果的颜色二

（2）要创建动态效果，可以让遮罩层或被遮罩层动起来。对于填充形状，可以使用补间形状；对于文字对象、图形实例或影片剪辑，可以使用补间动作。当使用影片剪辑实例作为遮罩时，可以让遮罩沿着运动路径运动。

案例实施

（1）启动Fash，创建一个文档。单击【属性】按钮，打开【属性】面板，单击【大小】右侧的【编辑】按钮，打开【文档设置】对话框，将【尺寸】设置为450像素（宽度）×300像素（高度），【舞台】颜色设置为【蓝色】。

（2）在菜单栏中选择【插入】|【新建元件】命令，打开【创建新元件】对话框，将元件【名称】设置为【光斑】，【类型】设置为【图形】，单击【确定】按钮。

（3）打开【颜色】面板，将【笔触颜色】设置为无色，将【填充颜色】设置为【径向渐变】，调节色标都设置为白色，并将末端调节色标的【A】值设置为0%。这样，就得到中心为白色向边缘逐渐过渡为透明色的径向渐变效果。选择【椭圆工具】，在舞台中绘制圆图形，并删除圆的边线，如图4-7所示。

图4-7 绘制光斑

（4）在菜单栏中选择【插入】|【新建元件】命令，打开【创建新元件】对话框，将元件【名称】设置为【文字】，【类型】设置为【图形】，单击【确定】按钮。

（5）选择【文本工具】，在【属性】面板中，将【系列】设置为【黑体】，文字大小设置为50，【颜色】设置为【红色】。在舞台中输入文本"脚踏实地"。

（6）单击【场景1】按钮返回舞台。新建图层2，将图层1、图层2分别命名为"光斑""文字"，将【光斑】和【文字】元件拖到舞台中。选择【任意变形工具】，调整元件的大小、图层和元件。

（7）选择【光斑】图层，将【光斑】元件移动到舞台的左边。

（8）单击【文字】图层第50帧，按【F5】键插入帧，单击【光斑】图层第10帧，按【F6】键插入关键帧，在工具栏中选择【选择工具】，将【光斑】元件移动到舞台的右边。

（9）单击【光斑】图层第20帧，按【F6】键插入关键帧，使用【选择工具】将【光斑】元件再移动回舞台的左边。

（10）单击【光斑】图层第30帧，按【F6】键插入关键帧，使用【选择工具】将【光斑】元件移动到舞台的中间。

（11）单击【光斑】第40帧，按【F6】键插入关键帧，选择【任意变形工具】，将【光斑】元件在舞台窗口中央放大，效果如图4-8所示。

（12）在【文字】图层第50帧处单击，按【F5】键插入帧。分别在【光斑】图层的第1帧、第10帧、第20帧、第30帧处右击，在弹出的快捷菜单中选择【创建传统补间】命令。在【文字】图层栏上右击，在弹出的快捷菜单中选择【遮罩层】命令。

（13）动画制作完成后保存文件，按【Ctrl+Enter】组合键进行影片测试，即可观看到光斑往复运动将文字照亮的动画效果。

图4-8 将【光斑】元件放大

案例 4-3　遮罩动画——涟漪字

 情境导入

故事：高山流水

春秋时代，有个叫俞伯牙的人，精通音律，琴艺高超，是当时著名的琴师。俞伯牙年轻时聪颖好学，曾拜高人为师，琴技达到高水平，但他总觉得自己还不能出神入化地表现对各种事物的感受。伯牙的老师知道他的想法后，就带他乘船到东海的蓬莱岛上，让他欣赏大自然的景色，倾听大海的波涛声。伯牙举目眺望，只见波浪汹涌，浪花激溅；海鸟翻飞，鸣声入耳；山林树木，郁郁葱葱，如入仙境一般。一种奇妙的感觉油然而生，耳边仿佛响起了大自然那和谐动听的音乐。他情不自禁地取琴弹奏，音随意转，把大自然的美妙融进了琴声，伯牙体验到一种前所未有的境界。老师告诉他："你已经出师了。"

一夜，伯牙乘船游览。面对清风明月，他思绪万千，于是又弹起琴来，琴声悠扬，渐入佳境。忽听岸上有人叫绝，伯牙闻声走出船来，只见一个樵夫站在岸边，他知道此人是知音当即请樵夫上船，兴致勃勃地为他演奏。伯牙弹起赞美高山的曲调，樵夫说道："真好！雄伟而庄重，好像高耸入云的泰山一样！"当他弹奏表现奔腾澎湃的波涛时，樵夫又说："真好！宽广浩荡，好像看见滚滚的流水，无边的大海一般！"伯牙激动地说："知音！你真是我的知音。"这个樵夫就是钟子期。从此二人成了非常要好的朋友。

【解释】高山流水，比喻知己或知音，也比喻音乐优美。

【出处】《列子·汤问》

案例说明

涟漪字是Flash动画作品中常见的一种多个遮罩图层产生的动画效果。

相关知识

文字在Flash中经常会使用到，如果要把动画的原文件传给别人，别人的计算机中没有所用到的字体的话，就会出现提示"选择默认字体"，单击"确定"按钮后，字体会变成系统默认的字体，会影响效果。打散就是将文字转换成图片，这样就不会因为计算机中没有字体而转换字体了。打散的快捷键为【Ctrl+B】。

案例实施

（1）启动Flash，新建一个文档。单击【属性】按钮，打开【属性】面板，单击【大小】右侧的【编辑】按钮，打开【文档设置】对话框，将【帧频率】设置为12，【尺寸】设置为520像素（宽度）×400像素（高度），【舞台】颜色设置为【紫红色】。

（2）选择【文本工具】，在舞台中输入文本"高山流水"，在【属性】面板中，将【系列】

设置为【隶书】，文字【大小】设置为96，【颜色】设置为【淡蓝色】，并将文字打散2次，如图4-9所示。

图4-9　在场景中输入文字

（3）双击【图层1】图层，将名称设置为【文字】。单击【新建图层】按钮，插入新图层，将其名称设置为【文字遮罩】。

（4）选择【选择工具】，选择输入的文本后右击，在弹出的快捷菜单中选择【复制】命令。单击【文字遮罩】图层，在舞台的空白区域右击，在弹出的快捷菜单中选择【粘贴】命令，这样就将文字复制到该图层。将这两个图层中的文字重叠放置，选择【任意变形工具】，将上面图层中的文字稍微放大。

（5）制作水纹元件。选择【插入】|【新建元件】命令，打开【创建新元件】对话框，将【名称】设置为【水纹】，【类型】设置为【图形】，单击【确定】按钮。

（6）选择【基本椭圆工具】绘制椭圆图形，单击【属性】按钮，打开【属性】面板，在【椭圆选项】区域设置合适的【内径】数值，如图4-10所示。观察到椭圆图形变化为椭圆环形图形，如图4-11所示。

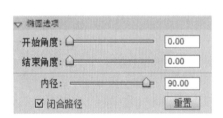

图4-10　设置合适的【内径】数值

图4-11　绘制椭圆图形

（7）单击【场景1】按钮，返回舞台场景。选择【文字】图层，在【时间轴】面板上单击【新建图层】按钮，在【文字】图层上创建新图层，将其命名为【水纹】，效果如图4-12所示。按【F11】键打开【库】面板，将【水纹】元件拖动到舞台中，效果如图4-13所示。

图4-12　创建新图层并为其命名

图4-13　将【水纹】元件拖动到舞台中

（8）选择【文字遮罩】图层和【文字】图层第30帧，按【F6】键插入帧。选择【水纹】图层第12帧，按【F6】键插入关键帧，此时【时间轴】面板的状态如图4-14所示。选择【任意变形工具】，将【水纹】元件放大，效果如图4-15所示。

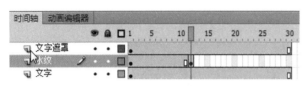

图4-14　【时间轴】面板的状态

图4-15　将【水纹】元件放大

（9）在【水纹】图层第1帧处右击，在弹出的快捷菜单中选择【创建传统补间】命令。此时【时间轴】面板状态如图4-16所示。

（10）可以设置多个水波纹使效果更逼真。在【时间轴】面板上单击【新建图层】按钮，创建3个新图层，将其分别命名为【水纹1】、【水纹2】、【水纹3】。

（11）单击【水纹】图层，将该图层的所有帧选择，按住【Alt】键将其拖动到【水纹1】、【水纹2】、【水纹3】图层上，调整各图层关键帧的位置，使【时间轴】面板的显示状态如图4-17所示。

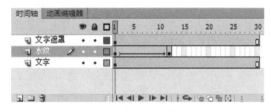

图4-16　【创建传统补间】命令

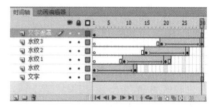

图4-17　设置多个水波纹

（12）在【文字遮罩】图层上右击，在弹出的快捷菜单中选择【遮罩层】命令，并将【水纹】、【水纹1】、【水纹2】三个图层设置为被遮罩层，此时【时间轴】面板的状态如图4-18所示。

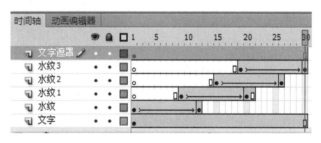

图4-18　设置遮罩层

（13）涟漪字动画效果制作完成。按【Ctrl+ Enter】组合键进行影片测试，观察到文字犹如在水波中荡漾一般。

案例 4-4　遮罩动画——放大镜效果

 情境导入

故事：负荆请罪

战国时候，有七个大国，即秦、齐、楚、燕、韩、赵、魏，历史上称为"战国七雄"。这七国当中，又数秦国最强大。秦国常常欺侮赵国。有一次，赵王派蔺相如到秦国去交涉。蔺相如见了秦王，凭着机智和勇敢，给赵国争得了不少面子。秦王见赵国有这样的人才，就不敢再小看赵国了。赵王看蔺相如这么能干。就封他为"上卿"（相当于后来的宰相）。

赵王这么看重蔺相如，可气坏了赵国的大将军廉颇。他想：我为赵国拼命打仗，功劳难道不如蔺相如吗？蔺相如光凭一张嘴，有什么了不起的本领，地位倒比我还高！他越想越不服气，怒气冲冲地说："我要是碰到蔺相如，要当面给他点儿难堪，看他能把我怎么样！"

廉颇的这些话传到了蔺相如耳朵里。蔺相如立刻吩咐他手下的人，叫他们以后碰到廉颇手下的人，千万要让着点儿，不要和他们争吵。他自己坐车出门，只要听说廉颇打前面来了，就叫马车夫把车子赶到小巷子里，等廉颇过去了再走。

廉颇手下的人，看见上卿这么让着自己的主人，更加得意忘形了，见了蔺相如手下的人，就嘲笑他们。蔺相如手下的人受不了这个气，就跟蔺相如说："您的地位比廉将军高，他骂您，您反而躲着他，让着他，他越发不把您放在眼里啦！这么下去，我们可受不了。"

蔺相如心平气和地问他们："廉将军跟秦王相比，哪一个厉害呢？"大伙儿说："那当然是秦王厉害。"蔺相如说："对呀！我见了秦王都不怕，难道还怕廉将军吗？要知道，秦国现在不敢来打赵国，就是因为国内文官武将一条心。我们两人好比是两只老虎，两只老虎要是打起架来，不免有一只要受伤，甚至死掉，这就给秦国造成了进攻赵国的好机会。你们想想，国家的事儿要紧，还是私人的面子要紧？"

蔺相如手下的人听了这一番话，非常感动，以后看见廉颇手下的人，都小心谨慎，总是让着他们。

蔺相如的这番话，后来传到了廉颇的耳朵里。廉颇惭愧极了。他脱掉一只袖子，露着肩膀，背了一根荆条，直奔蔺相如家。蔺相如连忙出来迎接廉颇。廉颇对着蔺相如跪了下来，双手捧着荆条，请蔺相如鞭打自己。蔺相如把荆条扔在地上，急忙用双手扶起廉颇，给他穿好衣服，拉着他的手请他坐下。

蔺相如和廉颇从此成了很要好的朋友。这两个人一文一武，同心协力为国家办事，秦国因此更不敢欺侮赵国了。"负荆请罪"也就成了一句成语，表示向别人道歉、承认错误的意思。

【解释】负荆请罪，背着荆条向对方请罪。表示向人认错赔罪。

【出处】《史记·廉颇蔺相如列传》。

案例说明

放大镜效果是Flash动画作品中常见的一种遮罩动画。

案例实施

（1）打开"放大镜素材.fla"素材。

（2）在菜单栏中选择【插入】|【新建元件】命令，打开【创建新元件】对话框，将元件【名称】设置为【文字】，【类型】设置为【图形】，单击【确定】按钮。

（3）选择【文本工具】，在【属性】面板中，将【系列】设置为【黑体】，文字大小设置为56，【颜色】设置为【白色】。在舞台中输入文本"负荆请罪"。

（4）在菜单栏中选择【插入】|【新建元件】命令，打开【创建新元件】对话框，将元件【名称】设置为【文字放大】，【类型】设置为【图形】，单击【确定】按钮。

（5）选择【文本工具】，单击【属性】按钮，打开【属性】面板，将字体设置为黑体，文字大小设置为73，【颜色】设计为【灰色】。在舞台中输入文本"负荆请罪"。

（6）将库中的所有元件放入舞台，选中所有元件后右击，在弹出的快捷菜单中选择"分散到图层"命令，并将【时间轴】的图层1删除，将各个元件位置放好，如图4-19所示。

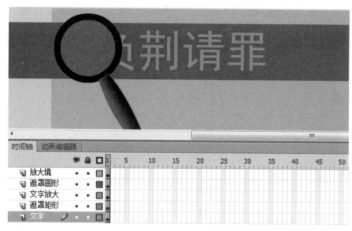

图4-19　将图层设置好，元件放置在相应的位置

（7）单击【文字】图层第80帧，按【F5】键插入帧，单击【放大镜】、【遮罩圆形】、【文字放大】、【遮罩矩形】图层第40帧，按【F6】键插入关键帧，并将各个元件放置在相应位置，效果如图4-20所示。

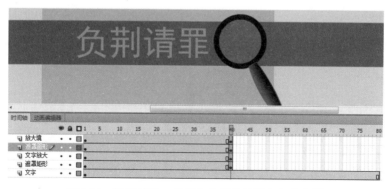

图4-20　设置帧数，并将各个元件放置在相应位置

（8）复制【放大镜】、【遮罩圆形】、【文字放大】、【遮罩矩形】图层的第1帧，粘贴到第80帧。

（9）分别在【放大镜】、【遮罩圆形】、【文字放大】、【遮罩矩形】图层的第1帧、第40帧处右击，在弹出的快捷菜单中选择【创建传统补间】命令。在【遮罩圆形】、【遮罩矩形】图层上右击，在弹出的快捷菜单中选择【遮罩层】命令。

（10）放大镜动画效果制作完成。按【Ctrl＋Enter】组合键进行影片测试，观看到放大镜所到之处文字均放大。

案例 4-5　遮罩动画——卷轴动画

情境导入

故事：天道酬勤

曾国藩是中国历史上最有影响的人物之一，然而他小时候的天赋却不高。有一天在家读书，对一篇文章重复不知道多少遍了，还在朗读，因为，他还没有背下来。这时候他家来了一个贼，潜伏在他的屋檐下，希望等读书人睡觉之后捞点好处。可是等啊等，就是不见他睡觉，还是翻来覆去地读那篇文章。贼人大怒，跳出来说，"这种水平读什么书？"然后将那文章背诵一遍，扬长而去。贼人是很聪明，至少比曾先生要聪明，但是他只能成为贼，而曾先生却成为毛泽东主席都钦佩的人："近代最有大本夫源的人。""勤能补拙是良训，一分辛苦一分才。"那贼的记忆力真好，听过几遍的文章都能背下来，而且很勇敢，见别人不睡觉居然可以跳出来"大怒"，教训曾先生之后，还要背书，扬长而去。但是遗憾的是，他名不见经传，曾先生后来启用了一大批人才，按说这位贼人与曾先生有一面之交，大可去施展一二，可惜，他的天赋没有加上勤奋，变得不知所终。

【解释】天道酬勤，上天偏爱于勤奋的人们，付出的努力一定会有所回报，也说明了机遇和灵感往往只光顾有准备的头脑，只垂青于孜孜以求的勤勉者。一分耕耘，一分收获，是指古今中外所称道的多劳多得。

【出处】出自《论语》。"天道"即"天意"；"酬"即酬谢、厚报的意思；"勤"即勤奋、敬业的意思，就是说"天意厚报那些勤劳、勤奋的人"。

案例说明

卷轴动画效果是Flash动画作品中常见的一种遮罩动画。

案例实施

（1）运行Flash CS6软件，打开"背景.fla"素材，将库中的【背景】图片拖到舞台中，并将背景图片"水平居中""垂直居中"，并将【图层1】重命名为"画布"，效果如图4-21所示。

（2）选择【插入】|【新建元件】命令，弹出【创建新元件】对话框，将元件【名称】设置为【文字】，【类型】设置为【图形】，单击【确定】按钮，完成元件的创建。

（3）选择【文本工具】，在【属性】面板中，将【系列】设置为【华文行楷】，文字大小设置为110,【颜色】设置为【黑色】。在舞台中输入文本"天道酬勤"。并将【图层1】重命名为"文字"。

（4）新建"图层2"，将图层命名为"遮罩"，在第一帧处绘制一个矩形，颜色为【红色】，如图4-22所示。

图4-21　背景

图4-22　绘制矩形

（5）在第30帧处按【F6】键插入关键帧，绘制的矩形拉长，要求矩形能够完全覆盖文字。

（6）在【遮罩】图层的第1帧、第30帧处右击，在弹出的快捷菜单中选择【创建补间形状】命令。在【遮罩】图层上右击，在弹出的快捷菜单中选择【遮罩层】命令，此时【时间轴】面板的状态如图4-23所示。

（7）返回场景1，新建"图层2"，将图层重命名为"卷轴棒"，将库中的"卷轴棒"素材放置到舞台中，要求"卷轴棒"能够完全覆盖【画布】图层的卷轴棒。在【画布】图层第80帧插入帧。

（8）新建"图层3"，将图层重命名为"卷轴棒遮罩"，在第1帧绘制一个矩形，颜色为"红色"，如图4-24所示。

图4-23　制作遮罩动画后【时间轴】状态

图4-24　绘制矩形

（9）在【卷轴棒】和【卷轴棒遮罩】图层第39帧处插入关键帧，将"卷轴棒"移到右边，将"卷轴棒遮罩"矩形拉长，效果如图4-25所示。

（10）在【卷轴棒】和【卷轴棒遮罩】图层第40帧处插入关键帧，将"卷轴棒"移到右边与【画布】图层的卷轴棒完全重合，将"卷轴棒遮罩"矩形拉长，盖住【画布】图层，右边的卷轴棒不要遮住。

（11）将【卷轴棒】和【卷轴棒遮罩】图层调换图层顺序。并在80帧处插入帧，如图4-26所示。

图4-25　将"卷轴棒"移到右边

图4-26　调换图层顺序

（12）在【卷轴棒遮罩】图层的第1帧、第30帧处右击，在弹出的快捷菜单中选择【创建补间形状】命令。在【遮罩】图层上右击，在弹出的快捷菜单中选择【遮罩层】命令。在【卷轴棒】图层的第1帧、第30帧处右击，在弹出的快捷菜单中选择【创建传统补间】命令。此时【时间轴】面板的状态如图4-27所示。

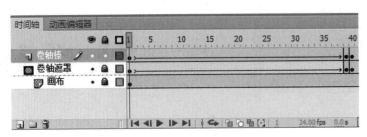

图4-27　创建动画

（13）新建"图层4"，将图层重命名为"文字"，在第41帧处插入空白关键帧，并将【文字】元件放置在舞台中，"水平居中""垂直居中"，在第80帧处插入帧，效果如图4-28所示。

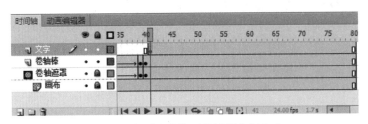

图4-28　将"文字"元件放置在舞台中

（14）卷轴动画效果制作完成。按【Ctrl+ Enter】组合键进行影片测试，观察到卷轴打开，文字出现。

案例 4-6　闪电刷子——制作打雷闪电动画

　情境导入

故事：大发雷霆

公元229年，孙权称帝，国号吴，建都建业（今江苏南京）。当时，魏国的当权者是魏明帝曹睿。曹睿是个荒淫无度又无真才实学的家伙，曹氏政权已失去了武帝曹操、文帝曹丕时的生机。魏国的辽东太守公孙渊见此情形，便偷偷地跟孙权结成同盟，孙权封他为燕王。

但是，辽东和建业相距遥远，公孙渊担心一旦被魏国攻打，远水解不了近渴，和孙吴结盟并非上策，于是又背弃盟约，杀了吴国的使臣。消息传到东吴，孙权大怒，准备马上派大军渡海远征，讨伐公孙渊。名将陆逊见此情形，上书劝阻。陆逊指出："公孙渊凭借着险要的地势，背弃盟约，杀我使臣，实在令人气愤。但现在天下风云变幻，群雄争斗，如果不忍小愤而发雷霆之怒，恐难实现夺取天下的愿望。我听说，要干大事业统一天下的人是不会因小失大的。"孙

权觉得陆逊的意见很对，便取消了讨伐公孙渊的计划。后人用"大发雷霆"比喻大发脾气，高声斥责。

【解释】霆：极响的雷，比喻震怒。比喻大发脾气，大声斥责。

【出处】《三国志·吴书·陆逊传》："今不忍小忿而发雷霆之怒。"

案例说明

本案例应用闪电刷子制作打雷闪电动画效果。

相关知识

1．Deco工具

Deco工具是在Flash CS4版本中首次出现的。在Flash CS6中大大增强了Deco工具的功能，增加了众多的绘图工具，使得绘制丰富背景变得方便而快捷。

Deco工具提供了众多的应用方法，除了使用默认的一些图形绘制以外，Flash CS6还为用户提供了开放的创作空间。可以让用户通过创建元件，完成复杂图形或者动画的制作。

2．Deco工具的使用

在Flash CS6中，单击工具箱中的【Deco工具】按钮（见图4-29），或者按【U】键即可使用。

图4-29　Deco工具

3．高级选项

高级选项内容根据不同的绘制效果，而发生不同的变化。通过设置高级选项可以实现不同的绘制效果，如图4-30所示。

4．绘制效果

在Flash CS6中一共提供了13种绘制效果，包括藤蔓式填充、网格填充、对称刷子、3D刷子、建筑物刷子、装饰性刷子、火焰动画、火焰刷子、花刷子、闪电刷子、粒子系统、烟动画和树刷子，如图4-31所示。

1）藤蔓式填充

利用藤蔓式填充效果，可以用藤蔓式图案填充舞台、元件或封闭区域。通过从库中选择元件，可以替换叶子和花朵的插图。生成的图案将包含在影片剪辑中，而影片剪辑本身包含组成图案的元件，如图4-32所示。

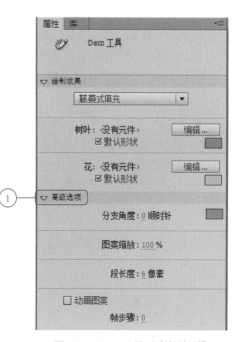

图4-30　Deco工具"高级选项"

2）网格填充

网格填充可以复制基本图形元素，并有序地排列到整个舞台上，产生类似壁纸的效果，如图4-33所示。

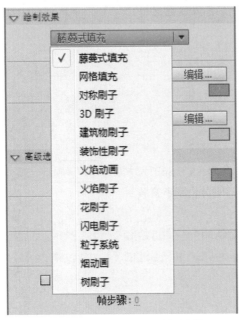

图4-31　Deco工具"绘制效果"

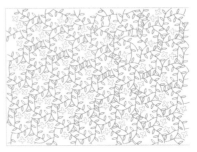

图4-32　藤蔓式填充效果

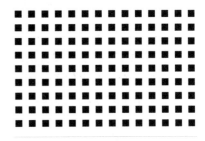

图4-33　网格填充效果

3）对称刷子

使用对称刷子效果，可以围绕中心点对称排列元件。在舞台上绘制元件时，将显示手柄，使用手柄增加元件数、添加对称内容或者修改效果，来控制对称效果。使用对称刷子效果可以创建圆形用户界面元素（如模拟钟面或刻度盘仪表）和旋涡图案，如图4-34所示。

4）3D刷子

通过3D刷子效果，可以在舞台上对某个元件的多个实例涂色，使其具有3D透视效果。

5）建筑物刷子

使用建筑物刷子效果，可以在舞台上绘制建筑物。建筑物的外观取决于为建筑物属性选择的值，如图4-35所示。

6）装饰性刷子

通过应用装饰性刷子效果，可以绘制装饰线，如点线、波浪线及其他线条，如图4-36所示。

图4-34　对称刷子效果

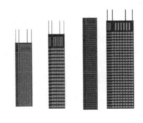

图4-35　建筑物刷子效果

图4-36　装饰性刷子效果

7）火焰动画

火焰动画效果可以创建程序化的逐帧火焰动画。

8）火焰刷子

借助火焰刷子效果，可以在时间轴的当前帧中的舞台上绘制火焰。

9）花刷子

借助花刷子效果，用户可以在时间轴的当前帧中绘制程式化的花，如图4-37所示。

图4-37 花刷子效果

10）闪电刷子

通过闪电刷子，用户可以创建闪电效果，而且还可以创建具有动画效果的闪电。

11）粒子系统

使用粒子系统效果，用户可以创建火、烟、水、气泡及其他效果的粒子动画。

12）烟动画

烟动画效果可以创建程序化的逐帧烟动画。

13）树刷子

通过树刷子效果，用户可以快速创建树状插图，如图4-38所示。

图4-38 树刷子效果

案例实施

（1）运行Flash CS6软件，选择【新建】│【ActionScript 3.0】选项。

（2）把舞台背景设置为黑色。

（3）选择【文件】│【导入】│【导入到库】命令，把"案例4-6 闪电刷子——制作打雷闪电动画素材雷声"素材（在【第4章高级动画类型的制作素材】文件夹中）导入到库。

（4）选择【Deco工具】，在【属性】面板的【绘制效果】区域选择【闪电刷子】，如图4-39所示。

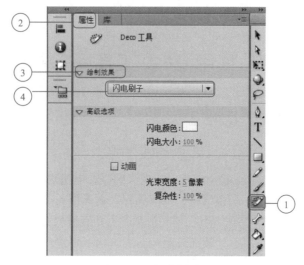

图4-39 闪电刷子

（5）选择绘制好的闪电（见图4-40），按【F8】键，把其转换成图形元件，名称为"闪电"。

（6）在【创建新元件】对话框中，将元件【名称】设置为【闪电1】，【类型】设置为【影片剪辑】，单击【确定】按钮，完成元件的创建。

（7）将"闪电"元件拖到舞台中，在第20帧处按【F6】键插入关键帧，并在第1～20帧之间"创建传统补间"，在第1帧处把闪电调成不透明度"0%"。

（8）新建一个图层，把雷声拖到舞台中，时间轴效果如图4-41所示。

图4-40　绘制闪电

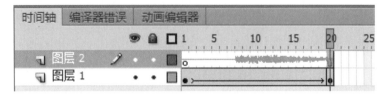

图4-41　"雷声"时间轴

（9）返回场景，将"闪电1"元件拖到舞台左上角，在第20帧处按【F5】键插入帧。

（10）新建一个图层，在第30帧处按【F7】键插入空白关键帧，将"闪电1"元件拖到舞台右上角，在第50帧处按【F5】键插入帧。

（11）新建一个图层，在第60帧处按【F7】键插入空白关键帧，将"闪电1"元件拖到舞台中间，在第80帧处按【F5】键插入帧。时间轴效果如图4-42所示。

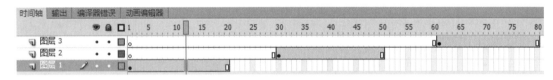

图4-42　完成的打雷闪电效果时间轴

（12）保存文件，按下【Ctrl+Enter】组合键进行影片测试。

案例 4-7　使用 Deco 工具——爱心动画

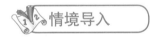 情境导入

故事：心悦诚服

孟子主张实行仁政治理国家，反对靠实力来使人归服。他明确提出凡靠实力来压服人家的，人家是不会心悦诚服的。他在一次谈话中，以商汤和周文王得天下的道理以及孔门弟子心服孔子的事例进一步说明了自己的主张。他说："想依靠实力并假借仁义来达到称霸诸侯的，一定要凭借强大的国力；而依靠道德实行仁政而统治天下的，则不一定要依靠多么大的国力。商汤当时的统治范围仅有七十里，周文王的也只不过百里。可后来他们确实统一过中国。凡靠强力压服人家的，人家不会心服的，只是因为他力量强大的缘故；而以德服人者，则心悦诚服。就像七千弟子诚服孔子一样。"

【解释】心悦诚服，诚心诚意地服从或佩服。

【出处】《孟子·公孙丑上》。

案例说明

本案例应用Deco工具中的树刷子和装饰性刷子制作爱心动画效果。

案例实施

1. 绘制图形

（1）运行Flash CS6软件，选择【新建】｜【ActionScript 3.0】选项，把舞台大小设置成宽700像素×高500像素，把【图层1】重命名为"心"。

（2）选择【Deco工具】，在【属性】面板的【绘制效果】区域选择【树刷子】，在【高级选项】区域选择【藤】，如图4-43所示。

（3）用树刷子绘制心形，如图4-44所示。

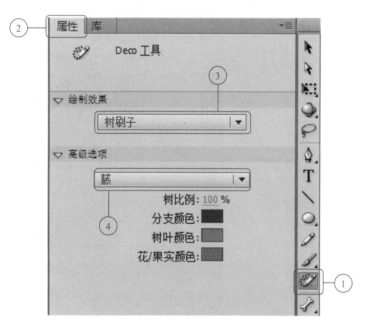

图4-43　树刷子

图4-44　用树刷子绘制心形

（4）新建图层，并命名为"LOVE"。

（5）选择【Deco工具】，在【属性】面板的【绘制效果】区域选择【装饰性刷子】，在【高级选项】区域选择【16：发光的星星】，【图案颜色】选择【红色】，如图4-45所示。

（6）用装饰性刷子绘制"LOVE"，如图4-46所示。

（7）选择绘制的"LOVE"，按【F8】键将其转换为图形元件"LOVE"。

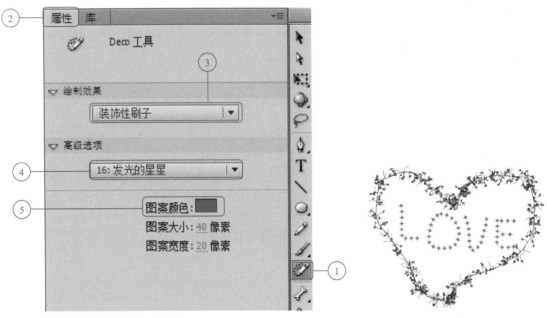

图4-45　装饰性刷子　　　　　　　　　图4-46　绘制"LOVE"

2．制作动画

（1）在【LOVE】图层的第10、20、30、40、50、60帧处分别按【F6】键插入关键帧，在第70帧处按【F5】键插入帧。

（2）在【心】图层的第70帧处按【F5】键插入帧，并锁定图层。

（3）单击【LOVE】图层的第10帧，在【属性】面板的【色彩效果】区域选择【色调】样式，把【色调】设置为"黄色"，如图4-47所示。

（4）用类似的方法把第20帧的【色调】设置为"绿色"，第30帧的【色调】设置为"天蓝色"，第40帧的【色调】设置为"紫色"，第50帧的【色调】设置为"紫红色"，第60帧的【色调】设置为"蓝色"。

（5）保存文件，按【Ctrl+Enter】组合键进行影片测试。

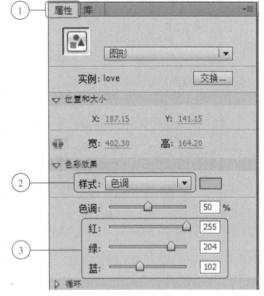

图4-47　调整色调

小　　结

本章主要介绍了创建遮罩动画和Deco工具应用的方法。在本章的学习中还应注意以下几点：

- 被遮罩层中的对象只能透过遮罩层中的对象才能显示出来。遮罩层中的对象不能是线条，若一定要使用线条，必须先将线条转换为填充。此外，创建遮罩动画时，遮罩层中对象的透明度、颜色等属性，不会对遮罩效果产生影响。

- 在制作大型Flash动画时，将动画不同部分放置在不同场景中，有利于对动画进行编辑和整理。

- 在学习遮罩动画、使用Deco工具时，既要学习它们的基本制作方法，还要善于举一反三，从而制作出更多、更精彩的动画。

练习与思考

一、填空题

1. 遮罩动画主要是通过_____来实现的，在概念上有点像Photoshop的遮罩。

2. 引导层又称辅导层，分为普通引导层和_____。

3. 在Flash CS5中使用骨骼工具可以向元件实例和形状添加骨骼，使用_____可以调整形状对象的各个骨骼和控制点之间的关系。

二、选择题（1～3单选，4多选）

1. 如无须制作动画，那么创建遮罩效果的正确步骤是（   ）。

   A. 分别创建遮罩层和被遮罩层的内容，确保被遮罩层在遮罩层之下，右击遮罩层，在弹出的快捷菜单中选择"遮罩层"命令

   B. 分别创建遮罩层和被遮罩层的内容，确保遮罩层在被遮罩层之下，右击遮罩层，在弹出的快捷菜单中选择"遮罩层"命令

   C. 分别创建遮罩层和被遮罩层的内容，确保被遮罩层在遮罩层之下，右击被遮罩层，在弹出的快捷菜单中选择"遮罩层"命令

   D. 分别创建遮罩层和被遮罩层的内容，确保遮罩层在被遮罩层之下，右击被遮罩层，在弹出的快捷菜单中选择"遮罩层"命令

2. 如果暂时不想看到Flash动画中的某个图层，可以将其（   ）。

   A. 锁定   B. 隐藏   C. 删除   D. 移走

3. 如果希望制作一个黑场院渐显的动画效果，应该采用（   ）动画技术。

   A. 逐帧   B. 遮罩   C. 移动补间   D. 形状补间

4. Flash有两种动画，即逐帧动画和补间动画，而补间动画又分为（   ）。

   A. 运动动画和引导动画   B. 运动动画和形状动画

   C. 运动动画和遮罩动画   D. 引导动画和形状动画

5. 在Flash中利用（   ）可以把动画限定在特定的区域内。

   A. 引导层   B. 遮罩层   C. 矩形工具   D. 裁剪工具

制作 Flash
文本动画

 学习目标

- 了解文字分离和编辑分离文字
- 掌握文本特效制作方法

案例5-1　文本动画——分离动画文本

 情境导入

故事：一诺千金

秦朝末年，在楚地有一个叫季布的人，性情耿直，为人侠义好助。只要是他答应过的事情，无论有多大困难，都设法办到，受到大家的赞扬。

楚汉相争时，季布是项羽的部下，曾几次献策，使刘邦的军队吃了败仗，刘邦当了皇帝后，想起这事，就气愤不已，下令通缉季布。

这时敬慕季布为人，都在暗中帮助他。不久，季布经过化装后到山东一家姓朱的人家当佣工。朱家明知他是季布，仍收留了他，后来，朱家又到洛阳去找刘邦的老朋友汝阴候夏侯婴说情。刘邦在夏侯婴的劝说下撤销了对季布的通缉令，还封季布做了郎中，不久又改做河东太守。

有一个季布的同乡人曹邱生，专爱结交有权势的官员，借以炫耀和抬高自己，季布一向看不起他。听说季布又做了大官，他就马上去见季布。

季布听说曹邱生要来，就虎着脸，准备发落几句话，让他下不了台。谁知曹邱生一进厅堂，不管季布的脸色多么阴沉，话语多么难听，立即对着季布又是打躬，又是作揖，要与季布拉家常叙旧，并吹捧说："我听到楚地到处流着'得黄金千两，不如得季布一诺'这样的话，您怎么能有这样好的名声传扬在梁、楚两地的呢？我们既是同乡，我又到处宣扬您的好名声，您为什么不愿见到我呢？"季布听了曹邱生的这番话，心里顿时高兴起来，留他住了几个月，作为贵客招待。临走，还送给他一笔厚礼。

后来，曹邱生又继续替季布到处宣扬，季布的名声也就越来越大了

【解释】"诺"：许诺，诺言。一句许诺就价值千金。比喻说话算数，讲信用。

【出处】《史记·季布栾布列传》：得黄金千两，不如得季布一诺。

案例说明

Flash分离动画文本：利用分离方法将文本分离成独立的单个文字或矢量图形。

相关知识

1. 文字分离

选择【修改】│【分离】命令，可以将图5-1（a）所示的多个文字分离为独立的单个文字，如图5-1（b）所示。如果选中一个或多个单独的文字，再次选择【修改】│【分离】命令，可将其分离成矢量图形，如图5-1（c）所示。可以看出，分离的文字上面有一些小白点。

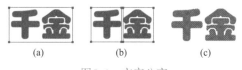

(a)　　　　(b)　　　　(c)

图5-1　文字分离

2．编辑分离文字

（1）对于文字，只可以进行缩放、旋转、倾斜等编辑操作，这可以通过使用【任意变形工具】█完成，也可以选择【修改】|【变形】命令完成。

（2）对于分离的文字，可以像编辑图形一样进行各种操作。可以使用【选择工具】▶对其进行变形和切割等操作，可以使用【任意变形工具】█对其进行封套和扭曲编辑操作，可以使用【套索工具】◎对其进行选取和切割操作，还可以使用【橡皮擦工具】◢进行擦除等操作。

3．设置和添加描边

选择【墨水瓶工具】◉，在"属性"面板中设置填充颜色和笔触大小，如图5-2（a）所示；接着对于文字形状进行描边，如图5-2（b）所示。

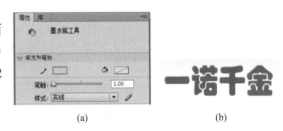

（a）　　　　　　　（b）

图5-2　设置和添加描边

🐾**案 例 实 施**

1．导入背景图片

（1）运行Flash CS6软件，选择【新建】|【ActionScript 2.0】选项。

（2）选择【文件】|【导入】|【导入到舞台】命令（快捷键【Ctrl+R】）。

（3）在【属性】面板中，把舞台大小设置为550像素×400像素，把图层命名为"背景"并且锁住图层。

2．创建文字动画元件

（1）选择【插入】|【新建元件】命令（快捷键【Ctrl+F8】）。

（2）在【创建新元件】对话框中，【名称】设置为【分离动画文字】，【类型】选择【影片剪辑】，单击【确定】按钮，完成元件的创建。

（3）选择【文本工具】█，在舞台中单击出现光标后，在【属性】面板中，设置【系列】为【华文琥珀】，【大小】为【72】，【颜色】为【蓝色】，在舞台的中心输入文本：一诺千金。

（4）选择【任意变形工具】█，选文字后出现任意变化框时把中心点对齐到画面的中心点，如图5-3所示。

图5-3　对齐中心点

（5）回到场景1，新建图层2，把图层命名为【分离动画文字】，从【库】面板中拉出【分离动画文字】元件到舞台的左上角。

3．创建分离动画文字

（1）选中舞台中的"一诺千金"文字，选择【修改】|【分离】命令，可以将多个文字分离为独立的文字，如图5-4（a）所示，再重复一次分离操作，可将它们分离成矢量图形，可以看出分离

的文字上面有一些小白点，如图5-4（b）所示。或按两次【Ctrl+B】组合键即可完成文字分离。

（2）选择【选择工具】单击舞台的空白处，选择【墨水瓶工具】，在【属性】面板中设置填充颜色【黄色】，笔触【1】，线条样式【实线】。

（3）使用"墨水瓶工具"单击文字笔画的边缘，进行描边，可以看到，文字的边缘增加了黄色轮廓线，如图5-5所示。

（a） （b）
图5-4 分离文字 图5-5 添加描边效果

（4）选中【分离动画文字】图层，选择【编辑】|【复制】命令（快捷键【Ctrl+C】），新建一个图层，命名为"轮廓线"，再选择【编辑】|【粘贴到当前位置】命令（快捷键【Ctrl+Shift+V】）使两个图层的文字形状在相同的位置。

（5）关闭【分离动画文字】图层的眼睛，再选择【轮廓线】图层，单击舞台的空白处，使用【选择工具】选中文字的蓝色部分，按【Delete】键删除，只留轮廓线。

（6）新建一个图层，命名为"底图"，并移动到【分离动画文字】图层下面，导入"底图.jpg"到舞台中。

（7）创建【底图】图层第1～100帧的补间动画，选中第100帧，按【F5】键后右击，在弹出的快捷菜单中选择【创建补间动画】命令，再选中舞台中的"底图"，按【↑】键使"底图"垂直向上移动。

（8）将其余的图层添加帧至第100帧处。在100帧处按【F5】键，使所有图层的播放时长至100帧。

（9）开启【分离动画文字】图层的眼睛，右击后在弹出的快捷菜单中选择【遮罩层】命令，将【分离动画文字】图层设置为遮罩图层，"底图"图层为被遮罩图层，如图5-6所示。

图5-6 制作遮罩图层效果

（10）保存文件，按【Ctrl+Enter】组合键进行影片测试。

案例 5-2 文本动画——任意变形动画文本

 情境导入

故事：闻鸡起舞

晋代的祖逖是个胸怀坦荡、具有远大抱负的人。可他小时候却是个不爱读书的淘气孩子。进入青年时代，他意识到自己知识的贫乏，深感不读书无以报效国家，于是就发奋读起书来。他广泛阅读书籍，认真学习历史，从中汲取了丰富的知识，学问大有长进。他曾几次进出京都洛阳，接触过他的人都说，祖逖是个能辅佐帝王治理国家的人才。祖逖24岁时，曾有人推荐他去做官，他没有答应，仍然不懈地努力读书。

后来，祖逖和幼时的好友刘琨一起担任司州主簿。他与刘琨感情深厚，不仅常常同床而卧，同被而眠，而且还有着共同的远大理想：建功立业，复兴晋国，成为国家的栋梁之材。

一次，半夜里祖逖在睡梦中听到公鸡的鸣叫声，他一脚把刘琨踢醒，对他说："别人都认为半夜听见鸡叫不吉利，我偏不这样想，咱们干脆以后听见鸡叫就起床练剑如何？"刘琨欣然同意。于是他们每天鸡叫后就起床练剑，剑光飞舞，剑声铿锵。冬去春来，寒来暑往，从不间断。功夫不负有心人，经过长期的刻苦学习和训练，他们终于成为能文能武的全才，既能写得一手好文章，又能带兵打胜仗。祖逖被封为镇西将军，实现了他报效国家的愿望；刘琨做了都督，兼管并、冀、幽三州的军事，也充分发挥了他的文才武略。

【解释】闻鸡起舞，原意为听到鸡啼就起来舞剑，后来比喻有志报国的人即时奋起。

【出处】闻鸡起舞，语本《晋书·祖逖传》《资治通鉴》。

案例说明

Flash任意变形动画文本：想要改变文字的形状，必须先把文字转换为形状后再进行编辑。具体操作方法：选择文本，然后按【Ctrl+B】组合键将其分离成矢量图形，分离之后便可以利用【选择工具】或【任意变形工具】对其进行调整。

相关知识

1. 文字任意变形

选中文本后连续按两次【Ctrl+B】组合键将其分离为矢量图形，如图5-7（a）所示。使用【选择工具】对其形状进行任意调整，或使用【套索工具】对其进行选取和切割操作，还可使用【橡皮擦工具】进行擦除等操作，也可以为其填充颜色，如图5-7（b）所示。

2. 文本的属性设置

文本的属性包括文字的字体、字号、颜色和风格等，可以通过菜单选项或【属性】面板设置文本属性。使用"文本工具"单击舞台，此时，在"属性"面板中可以设置文本类型、文本方向、位置和大小、字符、段落、滤镜等。

闻鸡起舞　　　　闻鸡起舞

(a)　　　　　　　　　　　　　　(b)

图5-7　文字任意变形

文字类型：有静态文本、动态文本和输入文本3种类型。

文字方向：在"属性"面板中可以设置文字方向 为水平、垂直、垂直（从左向右）3种方法。

位置和大小：用来设置选中文本的位置坐标值和文本的宽、高。

字符：可以设置字体、大小、颜色、字母间距、消除锯齿等。

段落：可以设置文字的排列方式、行间距和边距等。

滤镜：可以添加文字的投影、模糊、发光、斜角、渐变发光、渐变斜角、调整颜色等效果。

案例实施

（1）运行Flash CS6软件，选择【新建】｜【ActionScript 2.0】选项，把舞台大小设置为400像素×800像素。

（2）选择【文件】｜【导入】｜【导入到舞台】命令（快捷键【Ctrl+R】）。

（3）把图层1命名为"背景"并且锁住图层。

（4）新建图层2，命名为"图片"，选择【文件】｜【导入】｜【导入到舞台】命令，把"wjqw.jpg"导入到舞台工作区中，并设置大小和位置，如图5-8所示。

图5-8　导入图片

（5）新建图层3，命名为"标题"，选择【文本工具】 T ，在舞台中单击出现光标后，在【属性】面板中设置文字方向为"垂直" ![icon]，【系列】为【方正舒体】，【大小】为【70】，【颜色】为【#CC000】，回到舞台输入文本"闻鸡起舞"。

（6）选中舞台中的"闻鸡起舞"文字，选择【修改】|【分离】命令，再重复一次分离操作，或按两次【Ctrl+B】组合键即可完成文字分离。

（7）选择【选择工具】 ![icon]，对文字形状进行任意调整，或使用【套索工具】 ![icon] 对其进行选取和切割操作。

（8）选中【标题】图层，选择【编辑】|【复制】命令（快捷键【Ctrl+C】），在【标题】图层下面新建图层4，命名为"阴影"，再选择【编辑】|【粘贴到当前位置】命令（快捷键【Ctrl+Shift+V】）使两个图层的文字形状在相同的位置，设置【阴影】图层的文字形状颜色为灰色，并向右移动3像素，向下移动1像素，完成阴影效果。

（9）新建图层5，命名为"标志"，选择【文件】|【导入】|【导入到舞台】命令，把"标志.png"导入到舞台中，并设置大小和位置。

（10）新建图层6，命名为"文字内容"，选择【文本工具】 ![icon]，在舞台中单击出现光标后，在【属性】面板中设置文字方向为"垂直"，【系列】为【黑体】，【大小】为【14】，【字母间距】为【2】，【颜色】为【黑色】，【段落行距】为【8】；复制素材文档的第一段文字，回到舞台中粘贴文字，并对文字进行排列，如图5-9所示。

图5-9　垂直文字排版

（11）新建图层7，命名为"底部文字"，选择【文本工具】 ![icon]，在舞台下方单击出现光标后，在【属性】面板中设置文字方向为"水平"，【系列】为【华文彩云】，【大小】为【32】，【字母间距】为【5】，【颜色】为【黄色】，输入文本"校园文化成语挂画"。

（12）展开"滤镜"面板，单击【添加滤镜】按钮，选择【投影】选项，设置模糊：6像素，强度：150，距离：2像素。

（13）保存文件，按【Ctrl+Enter】组合键进行影片测试，如图5-10所示。

图5-10　效果图

案例 5-3　文本动画——晕光字

情境导入

故事：程门立雪

北宋时期，福建将东县有个进士叫杨时，他特别喜好钻研学问，到处寻师访友，曾就学于洛阳著名学者程颢门下。程颢去世前，又将杨时推荐到其弟程颐门下，在洛阳伊川所建的伊川书院中求学。杨时那时已四十多岁，学问也相当高，但他仍谦虚谨慎，不骄不躁，尊师敬友，深得程颐的喜爱，被程颐视为得意门生，得其真传。有一天，杨时同一起学习的游酢向程颐请教学问，却不巧赶上老师正在屋中打盹儿。杨时便劝告游酢不要惊醒老师，于是两人静立门口，等老师醒来。一会儿，天飘起鹅毛大雪，越下越急，杨时和游酢却还是立在雪中，游酢实在冻

的受不了，几次想叫醒程颐，都被杨时阻拦住了。直到程颐一觉醒来，才赫然发现门外的两个雪人！程颐深受感动，从此，更加尽心尽力教杨时，杨时不负众望，终于学到了老师的全部学问。

【解释】程门立雪，旧指学生恭敬受教，现指尊敬师长。比喻求学心切和对有学问长者的尊敬。

【出处】程门立雪，语本《宋史·杨时传》："一日见颐，颐偶瞑坐，时与游酢侍立不去。颐既觉，则门外雪深一尺矣。"

案例说明

Flash制作晕光字：必须先将文字转换为矢量图形后再进行编辑。选择文本，按【Ctrl+B】组合键将其分离，分离成为填充为止，之后利用"柔化填充边缘"制作晕光字。

相关知识

晕光字

先将文字进行打散，再选择【修改】|【形状】|【柔化填充边缘】命令，设置参数后可以将分离的文字添加晕光效果，如图5-11（a）所示。也可以将分离的部分进行删除，只留晕光部分，如图5-11（b）所示。

(a)   (b)

图5-11　晕光字

案例实施

1. 导入背景图片

（1）运行Flash CS6软件，选择【新建】|【ActionScript 2.0】选项，设置舞台宽：1 024像素，高：492像素。

（2）选择【文件】|【导入】|【导入到舞台】命令（快捷键【Ctrl+R】）把背景图导入舞台中，在【属性】面板中，将【位置和大小】设置成【X：0，Y：0】，把图层命名为"背景"，并且锁住图层。

2. 创建文字动画元件

（1）选择【插入】|【新建元件】命令（快捷键【Ctrl+F8】）。

（2）在【创建新元件】对话框中，【名称】输入：晕光字，【类型】选择【影片剪辑】，单击【确定】按钮，完成元件的创建。

（3）选择【文本工具】，在【属性】面板中，设置文字方向：垂直；【系列】为【华文隶书】，【大小】为【60】，【颜色】为【#000066】，在舞台中心输入文本：程门立雪。

（4）回到场景1，新建图层2，命名为"晕光字"，从"库"面板中拉出【晕光字】元件到卷轴画的右边，如图5-12所示。

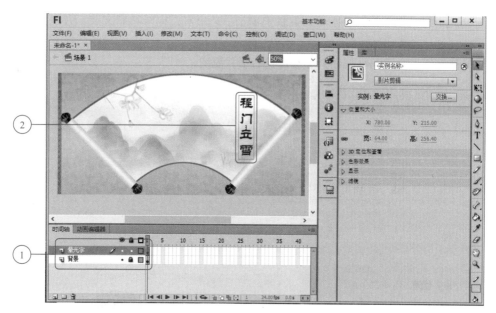

图5-12　移动文字到舞台

3．制作晕光字

（1）选中舞台中的"程门立雪"文字，选择【修改】|【分离】命令，再重复一次分离操作或按两次【Ctrl+B】组合键将它们分离成矢量图形。

（2）在选中离散文字的前提下，选择【修改】|【形状】|【柔化填充边缘】命令，设置距离：15像素，步长数：15，方向：扩展，单击【确定】按钮。

（3）选择【选择工具】 ，单击舞台的空白处，在边缘柔化了的文字图像中，使用【选择工具】将内部填充色（带有小白点的部分）删除即可，如图5-13所示。

4．添加图片及文字

（1）新建图层3，命名为"图片"，从素材文件夹中导入"图片.jpg"到舞台中，并设置大小和位置，如图5-14所示。

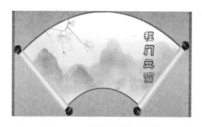

图5-13　"晕光字"效果

图5-14　插入图片

（2）新建图层4，命名为"文字"，选择【文字工具】，在【属性】面板中设置文字方向：垂直；【系列】为【宋体】，【大小】为【14】，【字母间距】为【2】，【颜色】为【黑色】，【消除锯齿】为【位置文本[无消除锯齿]】，【段落行间距】为【10】，如图5-15所示。

（3）复制素材文档中的文字，回到舞台中单击后，出现光标时粘贴文字，并对文字进行排版，如图5-16所示。

（4）保存文件，按【Ctrl+Enter】组合键进行影片测试。

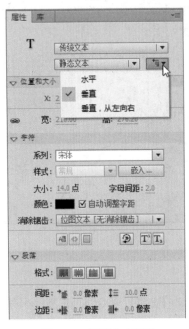

图5-15　设置文字属性

图5-16　文字排版效果

案例 5-4　文本特效——立体文字

情境导入

故事：凿壁偷光

西汉时期，有个穷人家的孩子叫匡衡。他小时候很想读书，可是因为家里穷，没钱上学。后来，他跟一个亲戚学认字，才有了看书的能力。

匡衡买不起书，只好借书来读。那个时候，书是非常贵重的，有书的人不肯轻易借给别人。匡衡就在农忙时节，给有钱的人家打短工，不要工钱，只求人家借书给他看。

过了几年，匡衡长大了，成了家里的主要劳动力。他一天到晚在地里干活，只有中午歇晌时，才有工夫看一点书，所以一卷书常常要十天半月才能读完。匡衡很着急，心里想：白天种庄稼，没有时间看书，我可以多利用一些晚上的时间来看书。可是匡衡家里很穷，买不起点灯的油，怎么办呢？

有一天晚上，匡衡躺在床上背白天读过的书。背着背着，突然看到东边的墙壁上透过来一线亮光。他霍地站起来，走到墙壁边一看，啊！原来从壁缝里透过来的是邻居家的灯光。于是，匡衡想了一个办法：他拿了一把小刀，把墙缝挖大了一些。这样，透过来的光亮也大了，他就凑着透进来的灯光，读起书来。

匡衡就是这样刻苦地学习，后来成了一个很有学问的人。

【解释】凿壁偷光，原指西汉匡衡凿穿墙壁引邻舍之烛光读书。后用来形容家贫而读书刻苦。

【出处】凿壁偷光，语本《西京杂记》。

案例说明

Flash立体文字：利用空心字复制移动后形成叠影，将叠加的线条删除，填充渐变色，将文字形状的各对角相连。

相关知识

立体文字

选择文本，按【Ctrl+B】组合键将其打散，打散成为填充为止，打散之后便可以利用【墨水瓶工具】进行描边，删除文字形状的里面部分形成空心字，再使用空心字复制移动后形成叠影，如图5-17（a）所示。使用【选择工具】将叠加的线条进行删除，如图5-17（b）所示。也可以为其填充渐变色，再使用【选择工具】将文字形状的各对角相连。

(a)　　　　　　　　　　　　　　(b)

图5-17　立体文字

案例实施

（1）运行Flash CS6软件，选择【新建】｜【ActionScript 2.0】选项。

（2）将图层1命名为"标题"，选择【文本工具】，在【属性】面板中设置【系列】为【黑体】，【大小】为【75】，【字母间距】为【20】，【颜色】为【红色】，在舞台工作区输入文本：凿壁偷光，如图5-18所示。

（3）选中舞台中的"凿壁偷光"文字，选择【修改】｜【分离】命令，再重复一次分离操作将文字打散，（或按两次【Ctrl+B】组合键），如图5-19所示。

图5-18　输入文字 　　　　　　　　　　　　图5-19　分离文字

（4）选择【墨水瓶工具】，在"属性"面板中设置填充颜色为【蓝色】，【笔触】为【1】，【线条样式】为【实线】，回到舞台中对文字形状进行描边，如图5-20所示。

（5）制作空心字。使用【选择工具】选中文字形状的红色部分，并按【Delete】键删除，只留轮廓线，形成空心字，如图5-21所示。

凿壁偷光　　　　凿壁偷光

图5-20　描边效果 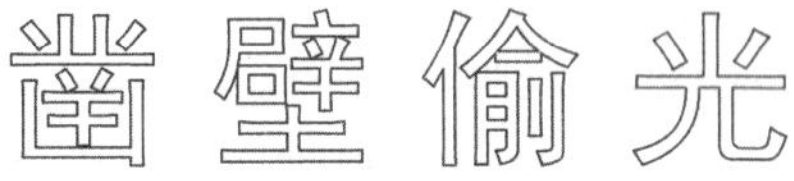　　　　　　　　　　图5-21　制作空心字

（6）框选所有空心字，选择【编辑】|【复制】命令（快捷键【Ctrl+C】），再选择【编辑】|【粘贴到当前位置】命令（快捷键【Ctrl+Shift+V】），将空心字复制并粘贴到相同位置。

（7）将复制的空心字修改颜色为黑色，往右平移5像素并向上平移5像素，初步造成叠影，如图5-22所示。

（8）把蓝色空心字里面的黑色线条删除，如图5-23所示。

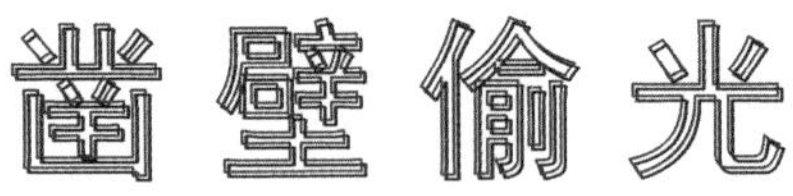

凿壁偷光　　　　凿壁偷光

图5-22　移动黑色空心字 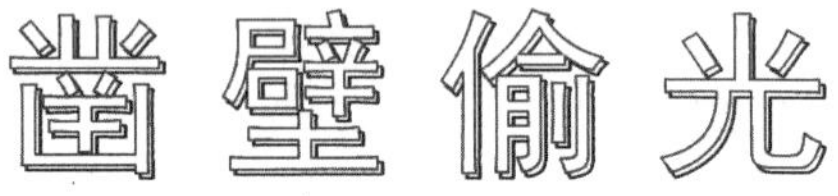　　　　　　　图5-23　删除蓝色空心字里面的线条

（9）展开【颜色】面板，设置颜色类型为【线性渐变】，调整渐变色。

（10）选择【颜料桶工具】，对空心字进行填充，包括外边的黑色线条包围部分，如图5-24所示。

（11）使用【选择工具】将蓝色线条和黑色线条删除，如图5-25所示。

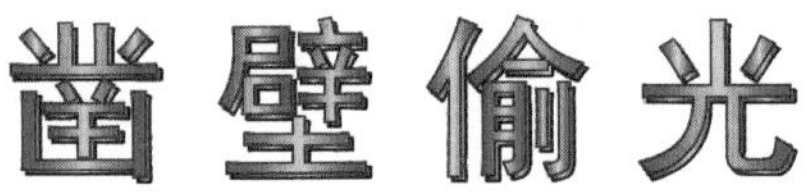

凿壁偷光　　　　凿壁偷光

图5-24　填充颜色 　　　　　　　　　　图5-25　删除轮廓线条

（12）将文字的各对角相连，形成立体效果，如图5-26所示。

（13）选择【渐变变形工具】调整渐变色，如图5-27所示。

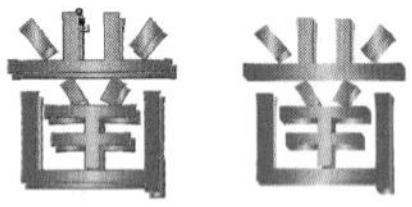

凿凿　　　　　　凿壁偷光

图5-26　将文字的各对角相连 　　　　　图5-27　调整渐变色

（14）使用框边的方式单独选取每个立体字，并转换成元件。

（15）隐藏【标题】图层，新建图层2，命名为"背景"，选择【文件】|【导入】|【导入到舞台】命令（快捷键【Ctrl+R】），导入"背景42.jpg"并锁住图层。

（16）新建图层3，命名为"背景2"，选择【矩形工具】，在【属性】面板中设置填充颜色为【灰色】，笔触为【蓝色】，在舞台中绘制矩形，如图5-28所示。

（17）选择【线条工具】，在【背景2】图层上绘画，如图5-29所示。

（18）展开【颜色】面板，设置颜色类型为【线性渐变】，调整渐变色，选择【颜料桶工具】，对"背景2"进行填充，并删除线，如图5-30所示。

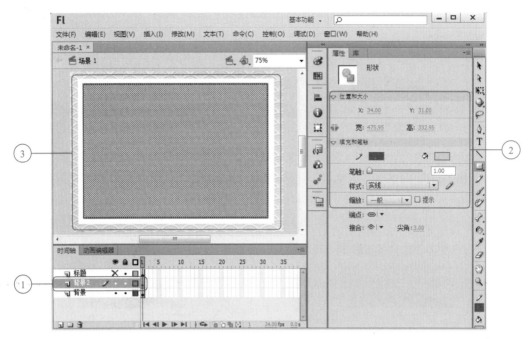

图5-28 绘制背景2

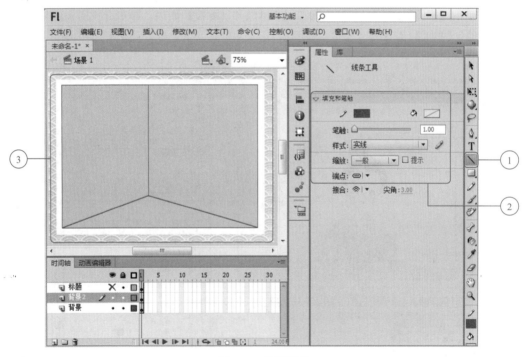

图5-29 绘制线条

（19）新建图层4，命名为"光孔"，绘制光孔效果，如图5-31所示。

图5-30　渐变效果

图5-31　绘制"光孔"

（20）新建个图层5，命名为"光线"，绘制光线效果，并转换为元件，如图5-32所示。

（21）新建图层6，命名为"人物"，导入"人物.png"图像，调整人物和光线的位置和大小，如图5-33所示。

图5-32　绘制"光线"

图5-33　导入人物

（22）新建图层7，命名为"边框"，导入"边框.png"图片，调整位置和大小。

（23）显示【标题】图层，调整位置和大小，展开【滤镜】面板，添加【投影】效果，设置强度为【30】，【角度】为【0】，如图5-34所示。

图5-34　添加"投影"效果

（24）保存文件，按【Ctrl+Enter】组合键进行影片测试。

案例5-5　文本特效——彩虹字

情境导入

故事：铁杵成针

唐朝著名大诗人李白小时候不喜欢念书，常常逃学，到街上去闲逛。一天，李白又没有去上学，在街上东溜溜、西看看，不知不觉到了城外。暖和的阳光、欢快的小鸟、随风摇摆的花草使李白感叹不已，"这么好的天气，如果整天在屋里读书多没意思？"走着走着，在一个破茅屋门口，坐着一位满头白发的老婆婆，正在磨一根棍子般粗的铁杵。李白走过去，"老婆婆，您在做什么？""我要把这根铁杵磨成一根绣花针。"老婆婆抬起头，对李白笑了笑，接着又低下头继续磨着。"绣花针？"李白又问："是缝衣服用的绣花针吗？""当然！""可是，铁杵这么粗，什么时候能磨成细细的绣花针呢？"老婆婆反问李白："滴水可以穿石，愚公可以移山，铁杵为什么不能磨成绣花针呢？""可是，您的年纪这么大了？""只要我下的功夫比别人深，没有做不到的事情。"老婆婆的一番话，令李白很惭愧，于是回去之后，再没有逃过学。每天的学习也特别用功，终于成了名垂千古的诗仙。

【解释】铁杵成针，意指即便有天赋的人去学习、去做事，也是难以一帆风顺的。但只要有毅力，肯下苦功，保持平和的心态坚持学下去、做下去，最后一定能成功。比喻只要有毅力，肯下苦功，事情就能成功。反义词是半途而废。

【出处】铁杵成针，语本明·郑之珍《目连救母·四·刘氏斋尼》："好似铁杵磨针；心坚杵有成针日。"

案例说明

Flash彩虹字文本：想要改变文字形状的颜色，必须先把文字转换为矢量图形后再进行编辑。具体操作方法：选择文本，按【Ctrl+B】组合键将其分离成矢量图形，再进行颜色填充。

相关知识

1. 彩虹字

（1）选择文本，按【Ctrl+B】组合键将其分离，分离成为填充为止，单击"填充颜色" ，展开【样式】面板，如图5-35（a）所示；选择"七彩色"块，之后文字形状的填充颜色如图5-35（b）所示；如果想要文字开关的填充颜色在同一块七彩颜色上，可以拖动【颜料桶工具】进行填充，如图5-35（c）所示。

（2）如果想要其他多彩填充颜色，可以通过【颜色】面板进行设置，选择颜色类型为【线性渐变】或【径向渐变】，再对"彩色条"选取颜色。如图5-36（a）所示；还可以通过"位图填充"进行填充，选择颜色类型为【位图填充】后，单击【导入】按钮，选择相应的图片，如图5-36（b）所示。

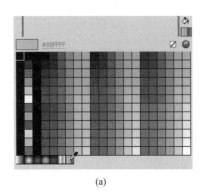

(b)

(c)

图5-35 填充"彩色字"

(a)　　　　　　　　(b)

图5-36 设置"颜色类型"

2. 双色（多色）字

使用框选方式选取文字形状的某一部分，选择【颜料桶工具】进行填充，如图5-37所示。

图5-37 双色（多色）字

案例实施

（1）运行Flash CS6软件，选择【新建】|【ActionScript 2.0】选项，在【属性】面板中将舞台大小设置为550像素×400像素。

（2）选择【文件】|【导入】|【导入到舞台】命令（快捷键【Ctrl+R】）导入"背景图.jpg"，设置X坐标和Y坐标为0。

（3）把图层1命名为"背景"并且锁住图层。

（4）新建图层2，命名为"标题"，选择【文本工具】**T**，在舞台中单击出现光标后，在【属性】面板中设置文字方向为"垂直" ，【系列】为【华文琥珀】，【大小】为【55】，【颜色】为【#000FF】，回到舞台输入文本：铁杵成针，如图5-38所示。

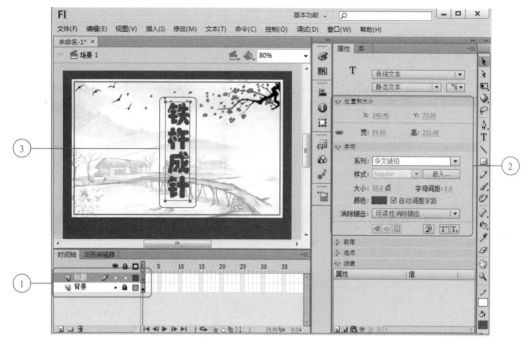

图5-38　输入标题文字

（5）选中舞台中的"铁杵成针"文字，选择【修改】|【分离】命令，再重复一次分离操作，或按两次【Ctrl+B】组合键即可完成文字分离。

（6）选中文字形状，选择【颜料桶工具】，设置颜色为七彩色，如图5-39所示。

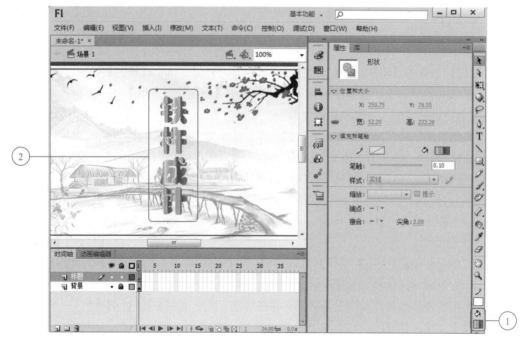

图5-39　设置填充颜色

（7）回到舞台工作区，选择【颜料桶工具】 ，在文字形状的左上角单击，拖动【颜料桶工具】出现一条线时拉到文字形状的右下角，如图5-40所示。

（8）填充效果如图5-41所示。

图5-40　制作彩色填充方法

图5-41　彩色填充效果

（9）在舞台的空白处单击，选择【墨水瓶工具】，在【属性】面板中设置填充颜色为【白色】，【笔触大小】为【3】。

（10）回到舞台中对文字形状进行描边。

（11）制作标题文字逐帧动画效果。每隔5帧插入关键帧，直到第20帧处，使每个关键帧的文字形状一样。

（12）把1～4的关键帧设置为空白帧。

（13）在第5帧的位置使用框边的方式把后面的三个文字形状删除，在第10帧的位置把后面两个文字形状删除，在第15帧的位置把后面一个文字形状删除。完成文字逐帧动画效果。

（14）新建图层3，命名为"图片"，在第20帧处插入关键帧，导入"图片.png"，锁定比例按钮，并设置位置和大小。

（15）选中"图片"并右击，在弹出的快捷菜单中选择【转换为元件】命令，在弹出的对话框中设置元件的名称为【图片元件】，【类型】为【影片剪辑】，单击【确定】按钮。

（16）在第30帧处右击，在弹出的快捷菜单中选择【创建补间动画】命令，再次右击，在弹出的快捷菜单中选择【插入关键帧】命令。

（17）回到第20帧处，缩小图片大小，制作图片从小放大的效果。

（18）新建图层4，命名为"边框"，在第40帧处插入关键帧，在标题的左边绘制边框。

（19）新建图层5，命名为"解读"，在第40帧处插入关键帧，在边框上输入文字。

（20）新建图层6，命名为"圆"，在第50帧处插入关键帧，在底部绘制8，每个圆的大小为35×35，【颜色】为【黄色】。

（21）新建图层7，命名为"底部文字"，在第50帧处插入关键帧，在【属性】面板中设置【系列】为【华文新魏】，【大小】为【25】，【颜色】为【#FF0000】，【字母间距】为【20】，在"圆"上面输入文字"中华传统　校园文化"。

（22）将所有图层播放时长设置为60帧，在所有图层的第60帧处按【F5】键。

（23）保存文件，按【Ctrl+Enter】组合键进行影片测试。

小 结

本章主要介绍了文本动画和文本特效的使用。在本章的学习中还应注意以下几点：

- 在对图形执行【扩展填充】命令时，最好不要将距离值设置的过大，否则会使图形走样，可以每次扩展一点，多执行几次扩展操作。
- 用户可使用直接输入或者创建文本框两种方式输入文本，选择【文本工具】或输入文本后，都可以利用【属性】面板设置文本的字体、字号和颜色等属性。
- 对于输入的文本，除了可以使用【任意变形工具】对其进行变形操作外，还可以为其添加滤镜，从而美化文本。此外，还可以将文本分离成矢量图形，然后再使用【选择工具】任意调整其形状。
- 学习文本工具的使用时，既要学习它们的基本制作方法，还要善于举一反三，从而制作出更多、更精彩的动画。

练习与思考

一、填空题

1. 在Flash CS6中支持两种类型的文本引擎，分别为_____和_____。

2. 使用滤镜，可以为场景中的对象增添有趣的视觉效果，滤镜效果只适用于_____、_____和_____。

3. 使用_____，可以在发光表面产生带渐变颜色的发光效果。

二、选择题（单选）

1. Flash所提供的消除锯齿的方法不包括（　　）。

   A. 使用设备字体　　B. 锐利化消除锯齿　　C. 动画消除锯齿　　D. 可读性消除锯齿

2. 下面（　　）对象不能添加滤镜效果。

   A. 文本　　　　　　B. 按钮　　　　　　C. 位图　　　　　　D. 影片剪辑

第6章

动画中元件的应用

 学习目标

- 认识 Flash 中元件的类型
- 创建图形元件
- 创建影片剪辑元件，会利用影片剪辑元件合成复杂动画
- 创建按钮元件，制作动态、有声音的按钮

案例 6-1　创建图形元件——满天星星

故事：废寝忘食

孔子年老时，开始周游列国。在他64岁那年，来到了楚国的叶邑（今河南叶县附近）。叶县大夫沈诸梁热情接待了孔子。沈诸梁人称叶公，他只听说过孔子是个有名的思想家、政治家，教出了许多优秀的学生，对孔子本人并不十分了解，于是向孔子的学生子路打听孔子的为人。

子路虽然跟随孔子多年，但一时却不知怎么回答。

以后，孔子知道了这事，就对子路说："你为什么不回答他：'孔子的为人呀，努力学习而不厌倦，甚至于忘记了吃饭，津津乐道于授业传道，而从不担忧受贫受苦；自强不息，甚至忘记了自己的年纪。'这样的话呢？"

孔子的话，显示出他由于有远大的理想，所以生活得非常充实。

【解释】废寝忘食，本义指顾不得睡觉，忘记了吃饭。形容专心努力，到了忘我的程度。

【出处】《列子·开瑞篇》。

案例说明

图形元件是可以重复使用的静态图形，它是作为一个基本图形来使用的，一般是静止的一副图画，每个图形元件一般只占一帧。例如，用户可以通过在场景中加入一颗星星图形元件的多个实例来创建满天星星。

相关知识

元件是Flash动画的基本组成元素，Flash中有很多时候需要重复使用素材，这时可以把素材转换成元件，或者直接新建元件，以方便重复使用或者再次编辑修改。也可以把元件理解为原始素材，通常存放在元件库中。Flash 元件有三种形式，即图形元件、影片剪辑元件、按钮元件，元件只需创建一次，然后即可在整个文档或其他文档中重复使用。图形元件一般是重复使用的静态图形。

案例实施

（1）运行Flash CS6软件，选择【新建】｜【ActionScript 2.0】选项，新建一个背景为黑色，大小为550像素×400像素的文档。

（2）选择【插入】｜【新建元件】命令，弹出【创建新元件】对话框，选择类型为【图形】，建立一个名为"星星"的图形元件，如图6-1所示。

图6-1　创建"星星"图形元件

（3）选择【多角星工具】，绘制一颗五角星，【笔触】为【5】，边框颜色为【无】，【填充颜色】为【#FFCC33】，【样式】为【星形】，【边数】为【5】，效果如图6-2所示。

图6-2　绘制"星星"图形

（4）回到舞台，打开【库】面板，把【星星】图形元件多次拖到舞台，改变实例的大小和透明度，形成满天星星的效果，如图6-3所示。

图6-3　最终效果图

（5）以文件名"案例6-1 满天星星.fla"保存文件。

（6）按【Ctrl+Enter】组合键测试影片效果。

案例 6-2 合成复杂动画——升旗效果

情境导入

蔚蓝天空上流云朵朵，一面红旗沿着白色的旗杆缓缓升起，迎风飘扬，多么神圣、多么庄严，这一刻，让无数的人热血澎湃，激情高昂。

案例说明

用Flash中的影片剪辑制作复杂动画——升旗效果。

相关知识

影片剪辑元件可以理解为电影中的小电影，可以完全独立于场景时间轴，并且可以重复播放。影片剪辑是一小段动画，用在需要有动作的物体上，它在主场景的时间轴上只占一帧，就可以包含所需要的动画，影片剪辑就是动画中的动画。

案例实施

（1）运行Flash CS6软件，选择【新建】|【ActionScript 2.0】命令，新建一个背景为天蓝色，大小为550像素×400像素，帧频为12的文档。

（2）选择【插入】|【新建元件】命令，弹出【创建新元件】对话框，选择类型为【图形】，建立一个名为"白云"的图形元件，在元件中用工具画出朵朵白云，如图6-4所示。

图6-4 "白云"图形元件画面

（3）选择【插入】|【新建元件】命令，弹出【创建新元件】对话框，选择类型为【影片剪辑】，建立一个名为"飘动的红旗面"的影片剪辑元件，该元件有两个关键帧，每帧所对应的画面如图6-5所示，实现帧动画。

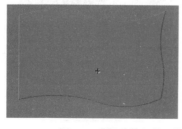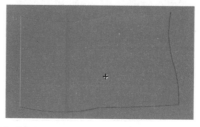

图6-5 "飘动的红旗面"影片剪辑元件两个关键帧画面

（4）回到舞台，新建两个图层，加上底层分别命名为"白云""旗面""旗杆"，打开【库】面板，把【白云】图形元件和【飘动的红旗面】影片剪辑元件分别拖到舞台的【白云】、旗面【图层】。在【旗杆】图层上画好一根旗杆，效果如图6-6所示。

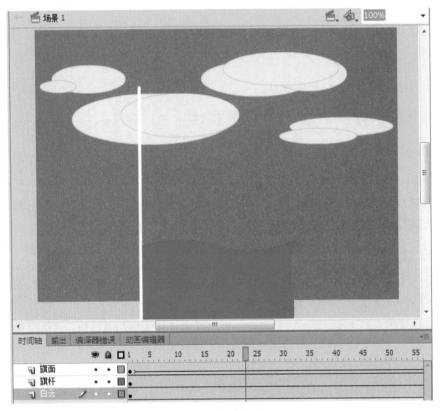

图6-6　舞台效果

（5）在【旗面】图层的第65帧处插入关键帧，调整【飘动的红旗面】影片剪辑元件的位置，第1帧和第65帧的位置如图6-7所示。

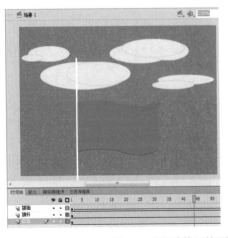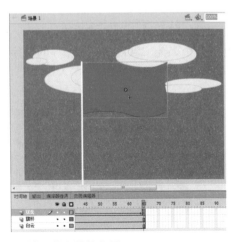

图6-7　"飘动的红旗面"开始帧和结束帧的位置

（6）在其他图层把帧延续到第65帧，并在【旗面】图层创建传统的补间动画，效果如图6-8所示。

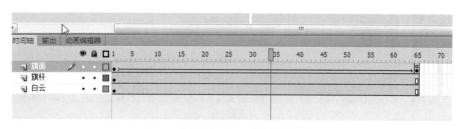

图6-8 "升旗"动画时间轴最终效果

（7）以文件名"案例6-2 升旗效果.fla"保存文件。

（8）按【Ctrl+Enter】组合键测试影片效果。

案例 6-3 合成复杂动画——蓝天白云下飞翔的海鸟

情境导入

太阳当空，蓝天、流云，一只海鸟在平静海面上展翅高飞，海鸟的倒影贴在蔚蓝的海面上，一幅人间仙境的美图。

案例说明

上个例子用影片剪辑元件实现了升旗效果，实现了动画中有动画，下面以影片剪辑元件实现海鸟一边飞行一边扇动翅膀的复杂动画。

案例实施

（1）运行Flash CS6软件，选择【新建】|【ActionScript 2.0】选项，新建一个背景为天蓝色，大小为550像素×400像素，帧频为12的文档。

（2）选择【插入】|【新建元件】命令，弹出【创建新元件】对话框，选择类型【影片剪辑】，建立一个名为"海鸟"的影片剪辑元件，在元件制作四个关键帧，每帧分别导入素材图片【海鸟动作1~4】，所对应的画面如图6-9所示。

图6-9 "海鸟"四个关键帧内容

（3）在舞台上新建【白色分界】、【海蓝色】两个图层，用【渐变工具】制作水天不同效果的色调。

（4）在舞台上新建【太阳】、【白云】两个图层，用【椭圆工具】画出太阳和白云，效果如图6-10所示。

图6-10　画出的太阳白云效果

（5）在舞台上新建【海鸟】图层，把【海鸟】影片剪辑元件拖到舞台图层，并调整该实例的位置，如图6-11所示。

（6）在【海鸟】图层的第146帧处插入关键帧，调整该实例的位置，如图6-12所示。

图6-11　"海鸟"实例开始位置　　　　　　图6-12　"海鸟"实例结束位置

（7）在其他图层把帧延续到第146帧，并在【海鸟】图层创建传统的补间动画，效果如图6-13所示。

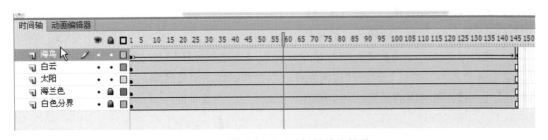

图6-13　"海鸟"动画时间轴最终效果

（8）复制【海鸟】图层，重命名为"海鸟倒影"，把第1帧和第146帧的【海鸟】影片剪辑实例进行【变形】│【垂直翻转】操作，并把两个位置的实例透明度调整为14%，调整后效果如图6-14所示。

（9）以文件名"案例6-3　蓝天白云下飞翔的海鸟.fla"保存文件。

（10）按【Ctrl+Enter】组合键测试影片效果。

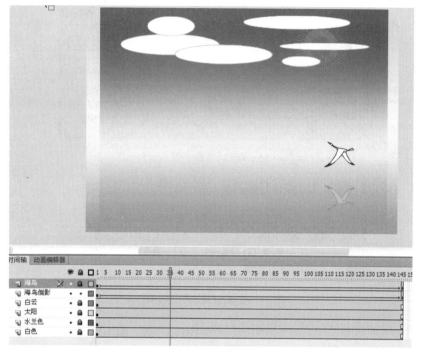

图6-14　海鸟倒影的制作

案例 6-4　创建按钮元件——简单的 Play 按钮制作

情境导入

平时上网看Flash动画时，往往会遇到上面写有"Play"的按钮，单击即可观看动画，看完动画后会出现一个"Replay"按钮，单击后可以再次观看动画，而且当鼠标指针放上去时甚至会出现不同的状态，如变色、移动一下、有声音等。

案例说明

这里的"Play"和"Replay"就是按钮。以前的实例在预览时都是自动循环播放而无法控制，按钮主要用来对所做动画进行控制。

相关知识

按钮元件用于具有交互功能的动画，当鼠标在按钮上滑过、单击、移开时，按钮会产生不同的响应，并转到相应的帧。

案例实施

（1）运行Flash CS6软件，选择【插入】|【新建元件】命令，弹出【创建新元件】对话框，输入【名称】"Play"，【类型】选择【按钮】，如图6-15所示。

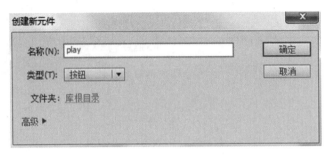

图6-15　创建"Play"按钮元件

（2）单击【确定】按钮，【时间轴】如图6-16所示。

图6-16　按钮元件的四个帧

图6-16所示时间轴上已经显示了按钮的四种状态，"弹起"是当鼠标没有接触按钮时的状态，"指针"是当鼠标放上去时所呈现的状态，"按下"就是当鼠标按下时所呈现的状态，"点击"是给按钮设置一个反应区域或者说给它框定一个范围，当鼠标放在这个范围内的任何地方按钮都会做出反应。

（3）用【文本工具】在第1帧（"弹起"帧）写入"Play"，将颜色调整为黑色，如图6-17所示。

（4）在第2帧"指针帧"插入关键帧，修改"Play"的颜色为红色并将它向左和向上移动一点（最好用方向键控制），然后按一下如图6-18所示。

图6-17　编辑"弹起"帧　　　　　　　　图6-18　编辑"指针帧"

（5）在第3帧（"按下"帧）插入关键帧，再将"Play"向右和向下移动一点，如图6-19所示。

（6）在第4帧（"点击"帧）插入关键帧，用【矩形工具】绘制一个矩形作为反应区域，用该矩形将"Play"覆盖，如图6-20所示。

（7）回到舞台，把"Play"拖到舞台。

（8）以文件名"案例6-4 简单的按钮制作.fla"保存文件。

（9）按【Ctrl+Enter】组合键测试影片效果。

图6-19　编辑"按下帧"　　　　　　　　　图6-20　编辑"点击"帧

案例 6-5　给按钮加上声音——交通工具和它们的声音

情境导入

鼠标移到交通工具上面，交通工具能放大，单击后，交通工具能发出相应的声音。

案例说明

上个例子制作了基本的按钮元件，下面把声音加在按钮中，单击不同的交通工具，发出不同的声音。

案例实施

（1）运行Flash CS6软件，选择【文件】|【导入】|【导入到库】命令，把素材文件夹中素材声音文件1.WAV～5.WAV及图形文件1.WMF～5.WMF全部导入库中。

（2）选择【插入】|【新建元件】命令，弹出【创建新元件】对话框，输入名称【元件1】，【类型】选择【按钮】，单击【确定】按钮，进入元件1按钮编辑状态。

（3）在第1帧（"弹起"帧）拖入第一张图片1.WMF，调整图片位置。

（4）在第2～4帧分别插入关键帧，调整各帧中"红色小车"的大小，作用是产生一个动态的效果按钮，如图6-21如示。

图6-21　导入"元件1"按钮中四个帧的图片

图6-21　导入"元件1"按钮中四个帧的图片（续）

（5）在按钮中新建图层2，在第3帧（"按下"帧）插入空白关键帧，将库里的声音文件1.WAV拖到此处，作用就是当单击按钮时发出相应的声音。操作效果如图6-22所示。

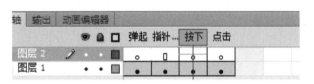

图6-22　给按钮加上声音

（6）根据以上步骤，分别制作出不同交通工具相应的按钮，最后把所有的按钮拖到舞台上，调整其位置，写上文字"交通工具和它们的声音"，效果如图6-23所示。

图6-23　最终效果图

（7）以文件名"案例6-5　交通工具和它们的声音.fla"保存文件。

（8）按【Ctrl+Enter】组合键测试影片效果。

小　结

本章主要介绍了图形元件、影片剪辑元件、按钮元件的特点与创建方法，以及如何使用【库】面板对元件进行管理。在本章的学习中还应注意以下几点：

- 可以将舞台上的对象转换为元件，也可以直接新建元件，然后编辑元件内容。元件实例是元件在舞台上的应用，编辑元件将影响与其链接的所有元件实例，而编辑元件实例将只影响元件实例本身。

- 图形元件中的时间轴是附属于主时间轴的，并与主时间轴同步，因此，当带有动画片段的图形元件实例放在主场景的舞台上时，必须在主时间轴上插入与动画片段等长的普通帧，才能完整播放动画；而影片剪辑中的时间轴是独立的，即使主时间轴只有1帧，也可以完整播放其中的内容。

- 按钮元件的时间轴与影片剪辑一样，是相对独立的，但只有前4帧有作用，包括"弹起"帧、"指针"帧、"按下"帧和"点击"帧，其中前3个帧用来设置不同的鼠标事件下按钮的外观，最后一个帧用来设置该按钮的响应区域。

- 在Flash中创建的元件，以及从外部导入的图像、视频和音频等都存放在【库】面板中，用户可利用【库】面板对这些素材进行复制、重命名、删除和排序等操作，还可以通过创建元件文件夹分类存放这些素材。

练习与思考

一、填空题

1. Flash中的元件有3种基本类型：＿＿＿＿＿、＿＿＿＿＿和＿＿＿＿＿。

2. 有时需要将一个元件的实例替换为当前文档库中的另外一个元件的实例，这时，不必重新建立整个动画，只需使用＿＿＿＿＿功能即可。

3. 在Flash中，用户可以使用＿＿＿＿＿对元件进行管理和编辑。

二、思考题

在Flash中元件是否可以重复使用。

第7章

声音和视频

 学习目标

- 掌握在 Flash 中录制音频的方法
- 了解 Flash 中支持的音频文件格式
- 掌握 Flash 中音频的处理方法
- 掌握导入音频和视频的方法

案例 7-1 录制对话——完成对话的录制

 情境导入

麽乜的故事

旁白1：一位居住在澄碧河岸的壮族青年伯皇像往日一样辞别心爱的妻子雅皇和族人。划上猎渔的小船，沿着澄碧河一路撒网打鱼，忽然伯皇看到一只庞然大物漂浮在河中。却见那怪物瞪着圆圆的大眼睛看着伯皇，接着一个威严的声音说道。

神龙1："孩子，你不要害怕，我是天上的神龙"。

伯皇1："您到这里来是要做什么呢？"

神龙2："我是负责守护太阳火种的守护神，但是因为太阳火种突然陨落到了人间，如果找不回去沾凡气太久火种就会熄灭，太阳会慢慢失去光芒，人间将陷入黑暗，永无天日。孩子你能帮帮我吗？若你能帮我寻回太阳火种，我会满足你所有愿望，愿作你们世世代代的守护神。"

旁白2：勇敢的伯皇，为了天下苍生接受了神龙的委托。

案例说明

动画配上声音，才更具有吸引力，声音是动画必不可缺的元素。需要将故事中的人物对话录制成音频，放入动画。

相关知识

1. 录制音频前的准备

（1）专业制作需要使用录音棚，要有专业录音设备。

（2）个人制作，可准备手机、耳麦等设备。使用手机的录音软件，插上耳麦在安静的环境下进行录制，尽量减少噪声。

（3）音频转码软件：格式工厂。

2. 音频格式

AIFF、WAC、MP3是三种能导入Flash中的音频文件格式，如果不是这三种格式之一，需要使用格式工厂软件进行转格式处理。

- AIFF（音频交换文件格式）是一个标准的Mac音频格式。
- WAC（波形音频格式）是一种基于Windows计算机的标准音频格式。
- MP3（运动图像专家组）是Flash影片选择的文件格式，它采用压缩算法消除大多数人听觉范围以外的声音的某些部分。

3. 需要注意的问题

Flash支持声音的导入。支持MP3和WAV两种格式（不支持WMA格式）。MP3文件必须同时满足两个条件：

频率必须是44 100 Hz。

码率必须是图7-1所示的几个特定数值。

图7-1　码率

案例实施

（1）运行Flash CS6软件，选择【新建】|【ActionScript 2.0】选项。

（2）选择【文件】|【导入】|【导入到舞台】命令（快捷键【Ctrl+R】）。

（3）在【属性】面板的【位置和大小】区域设置X：0，Y：0，宽：550，高：400，并将背景图片放置在图层1中。

（4）新建图层2，命名为"龙"，将"龙"素材摆放在相应位置；新建图层3，命名为"人物"，将"伯皇"素材摆放在合适位置；新建图层4，命名为"船"，将"船"素材摆放在合适位置，如图7-2所示。

图7-2　放置图片素材

（5）让三名同学分别用手机录制旁白、神龙、伯皇三个人物角色的台词音频。将录制好的音频文件从手机导出到计算机中，并使用【格式工厂】软件将音频转换成可以放入Flash中的格式。

① 打开【格式工厂】程序，选择【音频】|【WAV格式】，弹出转换设置对话框，单击【添加文件】按钮将手机录制好的音频文件导入。

② 单击【输出配置】按钮，弹出【预设配置】对话框，将采样率设置为44 100 Hz，单击【确定】按钮，如图7-3所示。

③ 单击【确定】按钮，回到界面，单击【开始】按钮，即可完成文件格式转换，如图7-4所示。

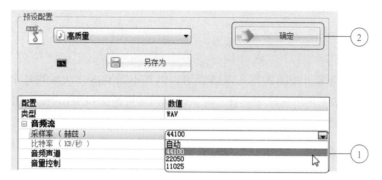

图7-3 输出配置

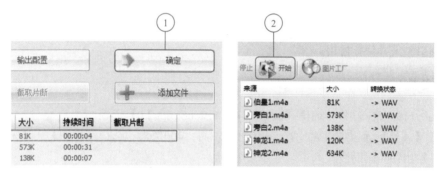

图7-4 完成转化

（6）保存FLA格式和SWF格式。

案例 7-2　唇同步对话——常用嘴型的绘制

 情境导入

传统唇同步的制作

唇同步是以一种方式移动动画角色嘴形的技术，表面上看似乎是与音频"同步"说话。传统动画使用曝光或摄影表，将对话拆分为汉字部件。摄影表基本上是分为五个部分的打印表，水平线分隔代表电影的一帧，垂直线分隔五个部分。

动画师使用各列作关于如何动画动作、摄像头的运动、在现场中可能发生的对话的笔记。

按照发音拆开声音并在电影出现的每帧中标记下来。这种类型的组织和规划，帮助动画师提供了动画故事的蓝图。现今摄影表仍在使用，甚至延续到计算机动画师。

案例说明

动画配上声音的同时，也要考虑到角色说话与声音是否同步的问题，若不同步，制作的动画会让观众看得很吃力。

相关知识

1. 唇同步的实现

唇同步艺术是围绕着可视化的声音或语音的。但并不需要拆分动画的每个字母，而是用动画制作声音。例如，动画角色在说"你好"时，动画只需要两个口型："你"和"好"。

如此，最简单的做法是，只需要张嘴和闭嘴两个动作，就能实现唇同步。就像表演双簧，在观众面前负责表演的演员，他只需要打开和闭上嘴，通过交替口型演绎说话的动作。

2. 需要注意的问题

要设计一个更有说服力的口型同步，则需要创建更多的嘴型。通过使用逐帧动画，一帧一帧地制作出嘴部运动的过程，平均来说，需要绘制8～10张嘴型。在学习过程中，还要增加实际的表情和真实的口型运 动，需要研究每个发音的嘴型如何变化。传统的动画制作者常常通过照镜子，观察口型，并采集使用。

案例实施

（1）运行Flash CS6软件，选择【新建】｜【ActionScript 2.0】选项。

（2）在【属性】面板中设置，宽：550像素，高：400像素，选择【视图】｜【标尺】命令，调出标尺，拉出四条辅助线。

（3）调整【钢笔工具】笔触大小为5，在该图层第一帧上绘制第一个闭着嘴的简笔画口型，如图7-5所示。绘制完成后将其转换成影片剪辑，元件名称为【口型】。

（4）双击【口型】影片剪辑，进入影片剪辑场景，并在该图层第2帧上绘制第二个口型，如图7-6所示 。

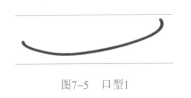

图7-5　口型1

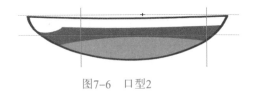

图7-6　口型2

（5）在【时间轴】面板上单击【绘图纸外观】按钮，通过调整【时间轴】上的括号（见图7-7），不同帧上的内容会在场景中显示。

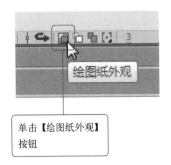

单击【绘图纸外观】按钮

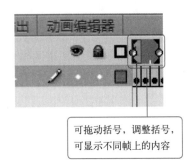

可拖动括号，调整括号，可显示不同帧上的内容

图7-7　绘图纸外观

（6）打开绘图纸外观轮廓后，在第3帧中绘制口型，如图7-8所示。

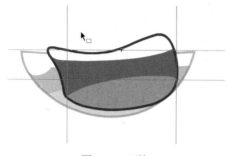

图7-8　口型3

（7）返回场景1，退出影片剪辑，按【Ctrl+Enter】组合键预览动画。

案例 7-3　混合音效——在 Flash 中混合音频

案例说明

将案例7-1所录制的对话音频放入故事场景中。

相关知识

1. 音频在帧上的处理

将音频文件放置在帧上，可通过帧数调整，控制音频播放的时间。

2. 图层属性的设置

在图层上右击，在弹出的快捷菜单中选择【属性】命令，根据需求设置相关参数。

案例实施

（1）运行Flash CS6软件，选择【新建】|【ActionScript 2.0】选项。

（2）选择【文件】|【导入】|【导入到舞台】命令（快捷键【Ctrl+R】）。

（3）在【属性】面板的【位置和大小】区域设置X：0，Y：0，宽：550，高：400，并将背景图片放置到图层1中。

（4）新建图层2，命名为"龙"，将"龙"素材摆放在相应位置；新建图层3，命名为"人物"，将"伯皇"素材摆放在合适位置；新建图层4，命名为"船"，将"船"素材摆放在合适位置。

（5）导入音频文件。

① 在【时间轴】上新建【音频】文件夹。

② 新建图层5，命名为"旁白"，将"旁白"文件拖入该图层；新建图层6，命名为"龙音频"，将"龙音频"素材拖入该图层；新建图层7，命名为"伯皇音频"，将"伯皇音频"素材挺拖入该图层，如图7-9所示。

图7-9　拖入音频素材

③ 并在所有放置素材图层的第1 965帧处插入帧（注：根据自己录制的音频插入帧）；按照故事角色对话顺序，调整音频所在时间轴的位置，如图7-10所示。

（6）按【Ctrl+Enter】组合键预览动画，保存FLA格式和导出SWF格式。

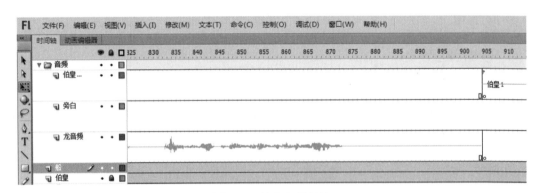

图7-10　放入音频素材

案例 7-4　面部表情——在 Flash 中创建角色表情

 情境导入

面 部 表 情

在进行人物动画制作时，人物的姿态能表现一个人的性格和情绪状态。若是能将身体姿势、面部表情和声音相结合，能让整个动画增色不少。在表情制作时，不需要太夸张，对于观众来说，表情的变化也许只是稍微挑高眉毛或者移动眼珠。

案例说明

使用第2章案例2-9的人物角色布洛陀，练习制作眼珠移动的。

相关知识

影片剪辑的使用

在影片剪辑中，对表情的变化的眼珠进行设置。

案例实施

（1）打开案例2-7人物绘制的Flash源文件。

（2）将"布洛陀"人物的两只眼睛选中（见图7-11），按【F8】键转换成名称为"眼睛动"的影片剪辑。

（3）双击进入【眼睛动】影片剪辑中，选中两只眼睛后右击，在弹出的快捷菜单中选择【分散到图层】命令，如图7-12所示。

（4）在【左眼】和【右眼】图层的第20帧和第40帧插入关键帧，如图7-13所示，并在第20帧微微向右边移动眼睛，如图7-14所示。

图7-11 选中两只眼睛

图7-12 分散到图层

图7-13 图层

图7-14 往右移动

（5）返回场景1，退出影片剪辑，按【Ctrl+Enter】组合键预览动画。

案例 7-5 统筹角色——在 Flash 中创建循环行走

情境导入

循 环 走 动

行走也如角色的对话一样，通过细微的动作，可以创建不同类型的不受数量限制的循环走动。

案例说明

嵌入视频，让火柴人跟随着视频的侧身行走动作做出行走效果。

相关知识

1. 影片剪辑的使用

在影片剪辑中，设置火柴人不同部位的动作。

2. 嵌入视频的使用

在制作人物行走动画时，可参照嵌入视频，进行行走动画制作。

案例实施

（1）运行Flash CS6软件，选择【新建】｜【ActionScript 2.0】选项，在【属性】面板中将画布尺寸设置为640像素×480像素。

（2）选择【文件】｜【导入】｜【导入视频】命令，弹出【导入视频】对话框，在【选择视频】界面中单击【浏览】按钮，将【侧身行走】视频导入，选择【在SWF中嵌入FLV并在时间轴中播放】单选按钮，按照提示完成视频导入，如图7-15所示。

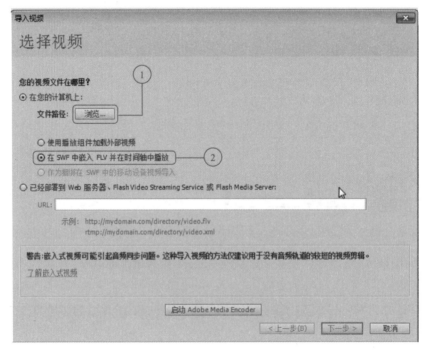

图7-15　选择在SWF中嵌入FLV

（3）选中导入场景的视频，按【F8】键将其转换成名为"人物行走"的影片剪辑，如图7-16所示。

图7-16 人物行走影片剪辑

（4）双击进入【人物行走】影片剪辑中，将【图层1】重命名为"视频"；新建图层2命名为"火柴人"，在【火柴人】图层的第1帧，根据【视频】图层上所显示的人物绘制一个火柴人，如图7-15所示。

（5）在【火柴人】图层的第2帧按【F6】插入关键帧，在第2帧关上，根据【视频】图层上所显示的人物，修改火柴人的动作，如图7-17所示。

第1帧火柴人　　　　　　　第2帧火柴人

图7-17 火柴人第1～2帧动作

（6）剩下的30帧上火柴人的动作如图7-18所示。

第3帧火柴人　　　第4帧火柴人　　　第5帧火柴人　　　第6帧火柴人

图7-18 火柴人第3～30帧动作

图7-18　火柴人第3～30帧动作（续1）

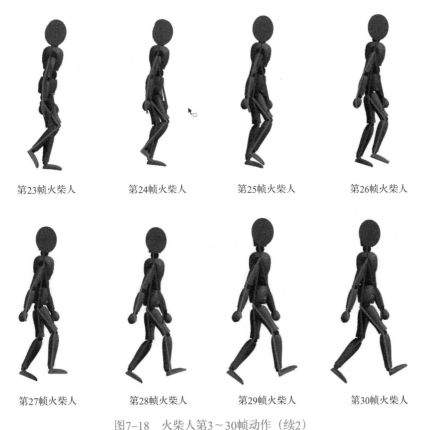

第23帧火柴人　　　　第24帧火柴人　　　　第25帧火柴人　　　　第26帧火柴人

第27帧火柴人　　　　第28帧火柴人　　　　第29帧火柴人　　　　第30帧火柴人

图7-18　火柴人第3～30帧动作（续2）

（7）火柴人绘制完成后，返回场景1，退出影片剪辑，按【Ctrl+Enter】组合键预览动画。

小　　结

本章主要介绍了在Flash中导入、编辑和应用外部图形与图像、视频以及声音文件的方法。在本章的学习中还应注意以下几点：

- 可以选择将外部矢量图形和位图图像导入到舞台还是只导入到【库】面板中。导入位图图像时，无论选择哪种导入方式，都将在【库】面板中保存导入的位图图像，并可重复使用。
- 在Flash导入PSD格式的位图图像后可保持图像的质量和可编辑性。用户在导入此类图像时，应注意导入过程中对相关参数的设置。
- 导入位图图像后，可将其分离并使用【套索工具】选择位图区域，还可将位图转换为矢量图形以及设置位图的输出属性。在设置位图的输出属性时，应根据需要在位图质量和文件大小间取得一个平衡。
- 默认情况下，Flash只支持FLV和F4V格式的视频。可以使用视频格式转换软件将视频转换为符合的格式，然后再导入。

- 在导入和应用声音文件时，应掌握设置声音同步选项的方法，尤其要了解"数据流""事件""开始"声音的区别。

练习与思考

选择题（1-2单选，3-4多选）

1. 要使用提示点来触发与视频播放同步的事件，则必须使用（　　）编码器。

   A. H.264　　　　　　B. On2 VP6　　　　　C. Sorenson Spark　　D. 都不可以

2. 以下不是H.264视频编码器特点的是（　　）。

   A. 扩展名为F4V

   B. 品质比特率之比远远高于其他Flash视频编解码器

   C. 支持8位Alpha通道

   D. 所需的计算量要大于其他Flash视频编解码器

3. Flash提供的声音压缩选项包括（　　）。

   A. ADPCM　　　　　　B. MP3　　　　　　　C. 原始　　　　　　D. 语音

4. Flash视频兼顾了较好的画质以及更高的压缩比，其扩展名为（　　）。

   A. MOV　　　　　　　B. FLV　　　　　　　C. AVI　　　　　　　D. F4V

第8章

ActionScript
的应用

 学习目标

- 了解 ActionScript 的作用
- 理解 ActionScript 3.0 的特点
- 掌握 ActionScript 语法规则
- 掌握"代码片段"面板的使用方法
- 掌握动作脚本的添加

案例 8-1　图片选择代码应用——交互电子相册制作

情境导入

在当今社会，电子相册影像已成为人们生活和工作中日以追求的物质和精神需求，随着数码摄影时代的到来，不论是专业摄影师建立图片档案或是向他人展示自己的摄影作品，还是家庭生活摄影，都需要电子相册来保管摄影作品。

案例说明

电子相册动画制作主要图片选择代码应用来实现。

相关知识

1．认识交互式动画

交互式动画是指在动画作品播放时支持事件响应和交互功能的一种动画。就是说，动画播放时可以接受某种控制，这种控制可以是动画播放者的某种操作，也可以是在动画制作时预先准备的操作。这种交互性提供了观众参与和控制动画播放内容的手段，使观众由被动接受变为主动选择。

最典型的交互式动画就是Flash动画。观看者可以用鼠标或键盘对动画的播放进行控制。

Flash动画交互性就是用户通过菜单、按钮、键盘和文字输入等方式，来控制动画的播放。交互式是为了用户和计算机之间产生互动性，使计算机对互动指示做出相应的反应。交互式动画就是动画在播放时支持事件响应和交互功能的一种动画，动画在播放时不是从头播到尾，而是可以接受用户的控制。

2．ActionScript 3.0的新增功能

ActionScript 3.0是Flash的编程语言，与之前的版本有着本质上的不同，它是一门功能强大、符合业界标准的面向对象的编程语言。ActionScript 3.0新增了很多独有的功能，非常适合因特网应用程序开发。

核心语言定义编程语言的基本构成块，如语句、条件、表达式、循环和类型。

ActionScript 3.0实现了ECMAScript for XML（E4X），最后被标准化为ECMA-357。E4X提供一组用于操作XML的自然流畅的语言构造。

ActionScript 3.0编辑器借助内置ActionScript 3.0编辑器提供的自定义类代码提示和代码完成功能，简化开发作业。可有效地参考本地或外部的代码库。

3．ActionScript 3.0常用术语

Actions "动作"：用于控制影片播放的语句。

Classes "类"：用于定义新的对象类型。

Constants "常量"：是个不变的元素。

Constructors "构造函数"：用于定义一个类的属性和方法。

Data types "数据类型"：用于描述变量或动作脚本元素可以包含的信息种类。

Events "事件"：是在动画播放时发生的动作。

Expressions "表达式"：具有确定值的数据类型的任意合法组合，由运算符和操作数组成。

Functions "函数"：是可重复使用的代码块，它可接受参数并返回结果。

Identifiers "标识符"：用于标识一个变量、属性、对象、函数或方法。

Instances "实例"：是一个类初始化的对象。每个类的实例都包含这个类中所有属性和方法。

Instance names "实例名"：脚本中用于表示影片剪辑实例和按钮实例的唯一名称。可以通过【属性】面板为舞台上的实例指定实例名称。

Keywords "关键字"：有特殊意义的保留字。

Methods "方法"：是与类关联的函数。

Objects "对象"：是一些属性的集合。每个对象都有自己的名称，并且都是特定类的实例。

Operators "运算符"：通过一个或多个值计算新值。

Parameters "参数"：用于向函数传递值的占位符。

Properties "属性"：用于定义对象的特性。

Target paths "目标路径"：动画文件中，影片剪辑实例、变量和对象的分层结构地址。

Variables "变量"：用于存放任何一种数据类型的标识符，可以定义、改变和更新变量，也可在脚本中引用变量的值。

4．ActionScript 3.0常用语法规则

1）区分大小写

动作脚本中的语句除了关键字区分大小写外，其他ActionScript 3.0语句大小写可以混用，但根据书写规范进行输入，可以使ActionScript 3.0语句更容易阅读。

对于关键字、类名、变量、方法名等，要严格区分大小写。如果关键字的大小写出现错误，在编写程序时就会有错误信息提示。如果采用了彩色语法模式，那么正确的关键字将以蓝色显示。

2）点运算符

动作脚本中的语句 ，点 "."用于指示与对象相关的属性或方法。通过点语法可以引用类的属性或方法。例如：

```
var Company:Object={};          //新建一个空对象，将其引用赋值给变量Company
Company.name="企鹅";            //新增一个属性name，将字符串 "企鹅" 赋值给它
Trace(Company.name);            //输出"企鹅"
```

3）界定符

（1）大括号。动作脚本中的语句可被大括号包括起来组成语句块，用于将代码分成不同的块。

（2）小括号。通常用于放置使用动作时的参数，在定义或调用函数时都要使用小括号。

（3）分号。动作脚本中语句的结束处添加分号，表示该语句结束。虽然不添加分号也可以正常运行语句，但使用分号可以使语句更易于阅读。

4）注释

在语句的后面添加注释有助于用户理解动作脚本的含义，以及向其他开发人员提供信息。添加注释的方法是先输入两个斜杠"//"，然后输入注释的内容即可。注释以灰色显示，长度不受限制，也不会影响语句的执行。

例如：

```
Public Function myDate(){                    //创建新的Date对象
    Var myDate:Date=new Datee();
    CurrentMonth=myDate.getMonth();          //将月份数转换为月份名称
    monthName=calcMonth(currentMonth);
    year=myDate.getFullYear();
    currentDate=myDate.getDate();
}
```

5）关键字和标识符

现实生活中，所有事物都有自己的名称，从而与其他事物区分开，在程序设计中，也常常用一个记号对变量、方法和类等进行标识，这个记号就称为标识符。动作脚本保留一些单词用于该语言总的特定用途，因此不能将它们用作变量、函数或标签的名称。如何在编写程序的过程中使用关键字，动作编辑框中的关键字会以蓝色显示。为了避免冲突，在命名时可以展开动作工具箱中的Index域，检查是否使用了已定义的名称。

标识符的命名须符合一定的规范，在语言中，标识符的第一个字符必须为字母、下画线或美元符号，后面的字符可以是数字、字母、下画线或美元符号。

5. 数据与运算

1）常量

"常量"是程序运行过程中数值恒定不变的量。在ActionScript 3.0中可以使用const关键字进行声明，并且"常量"只能在声明时直接赋值。一旦赋值，就不再改变。使用ActionScript 3.0编程时，建议能使用"常量"的就尽量使用"常量"。

"常量"声明格式如下：

```
const 常量名：数据类型 = 值
```

2）变量

（1）"变量"定义：

"变量"是为了存储数据而创建的。"变量"就像一个容器，用于容纳各种不同类型的数据。当然对变量进行操作，"变量"的数据就会发生改变。

"变量"必须要先声明后使用，否则编译器就会报错。比如，现在要去喝水，那么首先要有一个杯子，否则怎么去装水呢？要声明"变量"的原因与此相同。

（2）"变量"的命名规则：

① 它必须是一个标识符。第一个字符必须是字母、下画线（_）或美元记号（$）。其后的字符必须是字母、数字、下画线或美元记号。不能使用数字作为变量名称的第一个字符。

② 它不能是关键字或动作脚本文本，如true、false、null或undefined。特别不能使用ActionScript 3.0的保留字，否则编译器会报错。它在其范围内必须是唯一的，不能重复定义。

（3）"变量"类型。在使用"变量"之前，应先指定存储"数据"的类型，"数值类型"将对变量产生影响。

在Flash CS6中，系统会在给"变量"赋值时自动确定"变量"的"数据类型"。

- "字符串变量"：该变量主要用于保存特定的文本信息，如姓名。
- "对象型变量"：用于存储对象型的数据。
- "逻辑变量"：用于判定指定的条件是否成立。其值有两种，true和false。true即是真，表示条件成立，false即是假，表示条件不成立。
- "数值型变量"：一般用于存储特定的数值，如日期、年龄。
- "电影片段变量"：用于存储电影片段类型的数据。
- "未定义型变量"：当一个变量没有赋予任何值时，即为未定义型变量。

（4）变量的作用域。"变量"的作用域是指变量能被识别和应用的区域。根据"变量"的作用可以将其分为全局变量和局部变量。

① 全局变量。全局变量是指在代码的所有区域中定义的变量。全局变量在函数定义的内部和外部均可使用。

② 局部变量。局部变量是指仅在代码的某部分定义的变量。在函数内部声明的局部变量仅存在于该函数中。

3）数据类型

（1）布尔类型。布尔类型（Boolean）包含量个值：true和false。对于Boolean类型的变量，其他任何值都是无效的。已经声明但尚未初始化的布尔变量的默认值是false。

（2）字符串类型。字符串类型可以使用单引号和双引号来声明字符串，也可以使用String的构造函数来生成。

（3）Number数据类型。Number数据类型是双精度浮点数。数字对象的最小值大约为5E－324，最大值约为1.79E+308。

（4）Null数据类型。Null数据类型只有一个值，即null，此值意味着没有值，即没有数据。在很多情况下，可以指定null值，以指示某个属性或"变量"尚未赋值。

6．事件

1）鼠标事件

单击：MouseEvent.click。

双击：MouseEvent.couble_click。

按键状态：

MouseEvent.mouse_down 。

MouseEvent.mouse_up。

鼠标悬停或移开：

MouseEvent.mouse_over。

MouseEvent.mouse_out。

MouseEvent.roll_over。

MouseEvent.roll_out。

鼠标移动：MouseEvent.mouse_move。

鼠标滚轮：MouseEvent.mouse_wheel。

当前鼠标的坐标：相对坐标local X、local Y；舞台坐标stage X、stage Y。

相关按键是否按下，Boolean类型；alt key、ctrl key、shift key、button down鼠标主键，一般情况为左键。

2）关键帧事件

将动作脚本添加到关键帧上时，只需选中关键帧，然后在【动作】面板中输入相关动作脚本即可，添加动作脚本后的关键帧上面会出现一个"α"符号，如图8-1所示。

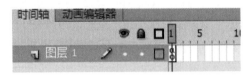

图8-1　动作脚本添加到关键帧上

3）影片剪辑事件

（1）实例名称。这里所指的实例包括影片剪辑实例、按钮元件实例、视频剪辑实例、动态文本实例和输入文本实例，它们是Flash CS6动作脚本面板的对象。

（2）绝对路径。使用绝对路径时，不论在哪个影片剪辑中进行操作，都是从场景的时间轴出发，到影片剪辑实例，再到下一级影片剪辑实例，一层一层地往下寻找，每个影片剪辑实例之间用"."分开。

（3）相对路径。相对路径是以当前实例为出发点，来确定其他实例的位置。

4）使用函数

（1）调用内置函数。内置函数是执行特定任务的函数，可用于用户访问特定的信息。

（2）向函数传递参数。参数是某些"函数"执行其代码所需的元素。

（3）从函数返回值。使用return语句可以从函数中返回值。return语句将停止函数运行并使用return语句的值替换它。

5）自定义函数

（1）自定义函数。用户可以把执行自定义功能的一系列语句定义为一个函数。该函数可以有返回值，也可以从任意一个时间轴中调用它。

（2）调用自定义函数。用户可以使用目标路径从任意时间轴中调用任意时间轴内的函数。如果函数是使用_global标识符声明的，则无须使用目标路径即可调用它。

7．动画的跳转

1）循环语句的使用

（1）while循环。如果用户要在条件成立时重复动作，可使用while语句。while循环语句可以获得一个表达式的值，如果表达式的值为true，则执行循环体中的代码。在主体中的所有语句都执行之后，表达式将再次被取值。

（2）do...while语句。使用do...while语句可以创建与while循环相同类型的循环。在do...while循环中，表达式在代码块的最后，这意味着程序将在执行代码块之后才会检查条件，所以无论条件是否满足循环都至少会执行一次。

（3）for语句。如果用户要使用内置计数器重复动作，可使用for语句。多数循环都会使用计数器以控制循环执行的次数。每执行一次循环就称为一次"迭代"，用户可以声明一个变量并编写一条语句，每执行一次循环，该变量都会增加或减小。在for动作中，计数器和递增计数器的语句都是该动作的一部分。

（4）for...in语句。使用for....in循环可以循环访问对象属性或者数组元素（不按任何特定的顺序来保存对象的属性，因此属性可能以看似随机的顺序出现）。

（5）for each...in语句。for each...in循环用于循环访问集合中的项目，它可以是对象中的标签、对象属性保存的值或数组元素。

2）条件语句的使用

（1）if...else控制语句。if...else控制语句是一个判断语句。该语句的调用格式有如下3种。

```
if(condition1){statement(s1);}                         //格式1
if(condition1){statement(s1);}else{statement(s2);}      //格式2
if(condition1){statement(s1);}else if(condition2){statement(s2);}  //格式3
```

（2）if...else if控制语句。if...else if条件语句可以用来测试多个条件。

（3）switch...case控制语句。switch...case控制语句是多条件判断语句，也用于创建ActionScript语句的分支结构。像if动作一样，switch动作测试一个条件，并在条件返回true值时执行语句。

8．动作脚本的添加

ActionScript 3.0发生了重大变化，代码只能写在帧和AS类文件中。在实际开发过程中，如果把代码写在帧上会导致代码难以管理，因此建议用AS类文件来组织代码会更合适，这样可以使设计与开发分离，利于协同工作。

1）给关键帧添加代码

打开"动作"面板或按【F9】键，直接在控制面板中输入代码。

2）AS类文件

选择【文件】|【新建】命令，弹出【新建文档】对话框，选择"ActionScript 3.0"选项，即可创建一个外部类文件。

案例实施

（1）运行Flash CS6软件，在欢迎界面中选择【新建】|【ActionScript 3.0】选项。

（2）在【属性】面板的【位置和大小】区域设置宽700像素、高400像素。

（3）选择【文件】|【导入】|【导入到舞台】命令（快捷键【Ctrl+R】），导入图片。

（4）选择【插入】|【新建元件】命令（快捷键【Ctrl+F8】）。

（5）在【创建新元件】对话框中，名称输入【1】，类型选择【按钮】，单击【确定】按钮，完成元件的创建。

（6）把"风景1"图片拖到舞台中，图片大小设置为宽100像素，高72像素，完成元件1的创建，如图8-2所示。

图8-2　新建按钮元件

（7）依此类推，给所有图片分别创建按钮元件。

（8）把"图层1"重命名为"风景"，把"风景1"图片拖到舞台，在【位置和大小】区域设置X为"150"、Y为"0"，如图8-3所示。

（9）在第2帧处按【F7】键插入空白关键帧，把"风景2"图片拖到舞台中，在【位置和大小】区域设置X为"150"、Y为"0"。

图8-3　图片位置属性

（10）依此类推，在第3、4、5帧处把"风景3""风景4""风景5"图片拖到舞台中，在【位置和大小】区域设置X为"150"、Y为"0"。

（11）新建图层，命名为"按钮"。绘制一个宽150像素、高400像素的矩形。绘制黑色的圆制作胶卷效果，如图8-4所示。

图8-4　绘制矩形

（12）选择【视图】|【标尺】命令，显示标尺，拖出一条辅助线到舞台。

（13）把元件"1"拖到舞台，实例名称定义为"a"，如图8-5所示。

图8-5 定义实例名称

（14）依此类推，把元件"2"拖到舞台，实例名称定义为"b"；把元件"3"拖到舞台，实例名称定义为"c"；把元件"4"拖到舞台，实例名称定义为"d"；把元件"5"拖到舞台，实例名称定义为"e"，如图8-6所示。

图8-6 定义实例名称

（15）新建图层，命名为"代码"，选择第1帧，选择【窗口】｜【动作】（或按【F9】键），打开"动作"面板，如图8-7所示。

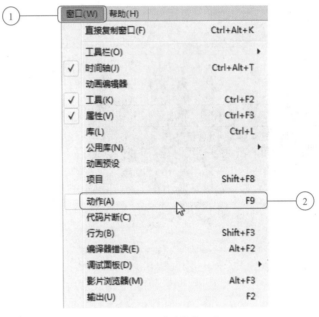

图8-7　打开"动作"面板

（16）在"动作"面板中输入图8-8所示代码。

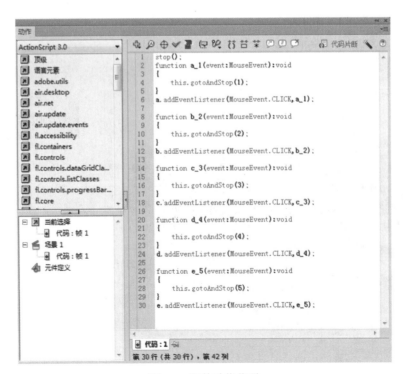

图8-8　图片动作代码

（17）保存文件，按【Ctrl+Enter】组合键进行影片测试。

案例 8-2　播放与重播代码应用——刘三姐画册制作

 情境导入

刘三姐的传说

相传唐代，在广西罗城与宜州交界的天洞之滨，有个美丽的小山村（现罗城仫佬族自治县四把镇蓝靛村）。村中有一位叫刘三姐的壮族姑娘，她自幼父母双亡，靠哥哥刘二抚养，兄妹两人以打柴、捕鱼为生，相依为命。三姐不但勤劳聪明，更是纺纱织布的巧手，而且长得宛如出水芙蓉一般，容貌绝伦。尤其擅长唱山歌，她的山歌遐迩闻名，故远近歌手经常聚集其村，争相与她对歌、学歌。

刘三姐常用山歌唱出穷人的心声和不平，故而触犯了土豪劣绅的利益。当地财主莫怀仁贪其美貌，欲占为妾，遭到她的拒绝和奚落，便怀恨在心。莫企图禁歌，又被刘三姐用山歌驳得理屈词穷，又请来三个秀才与刘三姐对歌，又被刘三姐等弄得丑态百出，大败而归。莫怀仁恼羞成怒，不惜耗费家财去勾结官府，咬牙切齿把刘三姐置于死地而后快。为免遭毒手，三姐偕同哥哥在众乡亲的帮助下，趁天黑乘竹筏，顺流沿天河直下龙江后入柳江，辗转来到柳州，在小龙潭村边的立鱼峰东麓小岩洞居住。

据说来到柳州以后，三姐那忠厚老实的哥哥刘二心有余悸，怕三姐又唱歌再招惹是非，便想方设法来阻止。一天，他终于想出了个办法，从河边捡回一块又圆又厚的鹅卵石丢给三姐，说："三妹，用你的手帕角在石头中间钻个洞，把手帕穿过去！若穿不过去，就不准你出去唱歌！"接着铁青着脸一字一顿地补充道："为兄说一不二，绝无戏言。"

先还是甜甜微笑的三姐，看着哥哥的满脸愠色，不敢像往常那样据理争辩，拾起丢在面前的石头，暗忖道："我又不是神仙，手帕角怎能穿得过去？"她下意识地试穿，并唱道：哥发癫，拿块石头给妹穿；软布穿石怎得过？除非凡妹变神仙！

"管你是凡人也好，神仙也好，为兄一言既出，绝不更改！"哥哥像是吃了秤砣——铁了心。心想：这一招够绝了吧，还难不倒你？

谁料三姐凄切婉转的歌声直上霄汉，传到了天宫七仙女的耳里。七仙女非常感动，恐三姐从此歌断失传，于是施展法术，从发上取下一根头发簪甩袖向凡间刘三姐手中的石块射去，不偏不歪，把石头穿了一个圆圆的洞。三姐无意中见手帕穿过石头，心中暗喜，张开甜润的嗓子：

哎……穿呀穿，柔能克刚好心欢，

歌似滔滔柳江水，源远流长永不断！

从此，刘三姐的歌声又萦回鱼峰山顶、树梢，慕名来学歌的、对歌的人连续不断。后来，三姐在柳州的踪迹被莫怀仁侦知。他又用重金买通官府，派出众多官兵将立鱼峰团团围住，来势汹汹，要捉杀三姐。小龙潭村及附近的乡亲闻讯，手执锄头棍棒纷纷赶来，为救三姐而与官兵搏斗。三姐不忍心使乡亲流血和受牵连，毅然从山上跳入小龙潭中……

正当刘三姐纵身一跳的时候，顿时狂风大作，天昏地暗。随着一道红光，一条金色的大鲤

鱼从小龙潭中冲出，把三姐驮住，飞上云霄。刘三姐就这样骑着鱼上了天，到天宫成了歌仙。而她的山歌，人们仍世代传唱着。为纪念她在柳州传唱的功绩，人们在立鱼峰的三姐岩里，塑了一尊她的石像，一直供奉。

歌 仙 节

"三月三"，是壮族地区最大的歌圩日，又称"歌仙节"，相传是为纪念刘三姐而形成的民间纪念性节日。1984年农历三月三日，广西壮族自治区人民政府正式将这一天定为壮族的全民性节日——"三月三"歌节。每年的这一天，自治区首府南宁市及其他各地都要举行盛大的歌节。歌节期间，除传统的歌圩活动外，还要举办抢花炮、抛绣球、碰彩蛋及演壮戏、舞彩龙、擂台赛诗、放映电影、表演武术和杂技等丰富多彩的文体娱乐活动。另外，各种商业贸易、投资洽谈等活动亦逐渐增加，形成"文化搭台，经济唱戏"的新风尚。届时，岭南壮乡四海宾朋云集，歌如海，人如潮。那不绝于耳的嘹亮歌声，寄托着人们对歌仙刘三姐的思念和对丰收、对爱情、对幸福美好生活的憧憬和向往。

案例说明

刘三姐画册制作主要应用播放与重播、停止等代码来实现。

相关知识

1. 停止代码

```
Stop();
```

2. 播放代码

```
/* 单击以转到下一场景并播放
单击指定的元件实例会将播放头移动到时间轴中的下一场景并在此场景中继续回放
*/
p.addEventListener(MouseEvent.CLICK, fl_ClickToGoToNextScene);
function fl_ClickToGoToNextScene(event:MouseEvent):void
{
    MovieClip(this.root).nextScene();
}
```

3. 重播代码

```
/* 单击以转到前一场景并播放
单击指定的元件实例会将播放头移动到时间轴中的前一场景并在此场景中继续回放
*/
rp.addEventListener(MouseEvent.CLICK, fl_ClickToGoToPreviousScene);
function fl_ClickToGoToPreviousScene(event:MouseEvent):void
{
    MovieClip(this.root).prevScene();
}
```

🐦案例实施

1. 导入素材

（1）运行Flash CS6软件，选择【新建】|【ActionScript 3.0】选项，在【属性】面板的【位置和大小】区域设置宽800像素、高600像素。

（2）单击【文件】|【导入】|【导入到库】命令。

（3）找到【第8章 刘三姐画册制作 素材】文件夹，选择文件夹中所有文件，如图8-9所示。

图8-9 选择素材

（4）单击【打开】按钮，导入素材，在【库】面板中可以看到所有的图片和音乐素材。

2. 创建元件

（1）选择【插入】|【新建元件】命令（快捷键【Ctrl+F8】）。

（2）在【创建新元件】对话框中，名称输入【播放】，类型选择【按钮】，单击【确定】按钮，完成元件的创建。

（3）绘制一个蓝色矩形，输入"播放"，如图8-10所示。

（4）分别在"指针""按下""点击"处插入关键帧，在"指针"关键帧处把矩形颜色改成绿色，如图8-11所示。

（5）依此类推，完成"重播"按钮元件制作。

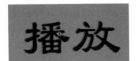

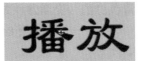

图8-10　按钮元件弹起状态　　　　　　　　图8-11　按钮元件指针状态

（6）选择【插入】|【新建元件】命令（快捷键【Ctrl+F8】）。

（7）在【创建新元件】对话框中，名称输入【刘三姐画册】，类型选择【图形】，单击【确定】按钮，完成元件的创建。

（8）输入"刘三姐画册"，文本属性设置如图8-12所示。

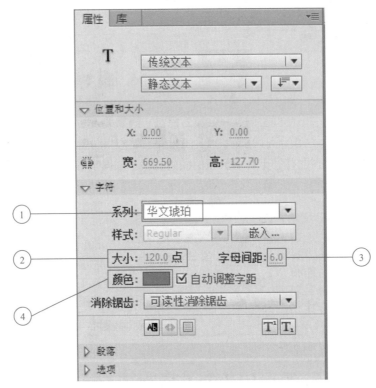

图8-12　文本属性设置

（9）给文本添加"斜角"和"发光"滤镜，如图8-13所示。

3．动画制作

（1）把"图层1"重命名为"背景"，从库中把"背景"拖到场景，在【属性】面板的【位置和大小】区域设置x为"0"、y为"0"、宽为800像素、高为600像素。

（2）在第100帧处插入帧，并锁定图层。

（3）新建图层，命名为"文本"，从【库】面板中把元件"刘三姐画册"拖到场景，在第40帧处按【F6】键插入关键帧，并创建"传统补间动画"，在第1帧处把文字缩小。

（4）新建图层，命名为"按钮"，在第40帧处按【F7】键插入空白关键帧，从【库】面板中把元件"播放"拖到场景右下角，如图8-14所示。

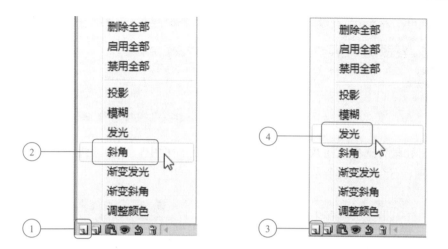

图8-13 添加文本滤镜

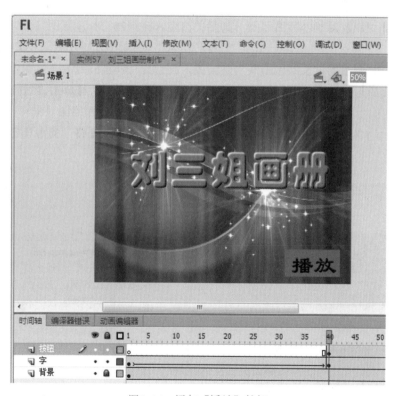

图8-14 添加【播放】按钮

（5）新建图层，命名为"stop"，在第100帧处按【F7】键插入空白关键帧。选择【窗口】|【动作】命令或按【F9】键，打开【动作】面板，在"动作"面板中输入"stop();"，如图8-15所示。

图8-15　设置停止播放

（6）在第40帧处选择【播放】按钮，在【动作】面板中，单击【代码片断】按钮，打开【代码片断】面板，如图8-16所示。

图8-16　"代码片断"对话框

（7）在【代码片断】面板中，展开【时间轴导航】选项，双击【单击以转到下一场景并播放】选项，如图8-17所示。

（8）在弹出的【设置实例名称】对话框中，输入实例名称为【p】，单击【确定】按钮，如图8-18所示。

图8-17　设置播放代码

图8-18　设置播放实例名称

（9）在【动作】面板中，自动生成播放代码，如图8-19所示。

（10）在【时间轴】面板中，自动生成动作代码图层【Actions】，如图8-20所示。

（11）新建图层，命名为"音乐"，从【库】面板中把音乐"只有山歌敬亲人.mp3"拖到场景中，如图8-21所示。

图8-19 播放代码

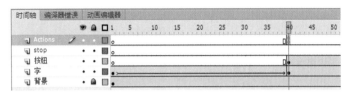

图8-20 时间轴上自动生成动作代码图层

图8-21 添加音乐

（12）单击【窗口】|【其他面板】|【场景】命令（快捷键【Shift+F2】）新建场景，如图8-22所示。

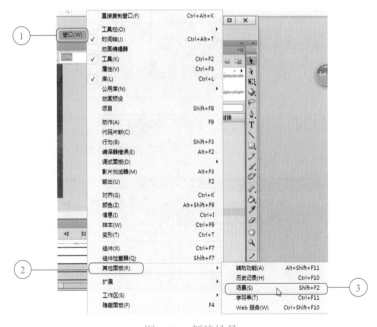

图8-22 新建场景

（13）在【场景】面板中单击【添加场景】按钮，创建场景2，如图8-23所示。

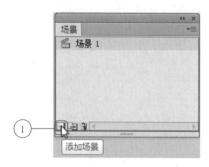

图8-23　新建场景

（14）把"图层1"重命名为"背景"，从【库】面板中把"画框"拖到场景，在【属性】面板的【位置和大小】区域设置x为"0"，y为"0"、宽为800像素、高为600像素，如图8-24所示。

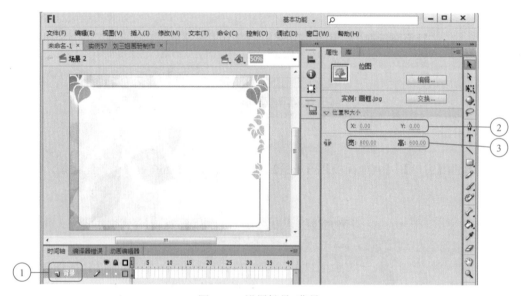

图8-24　设置场景2背景

（15）在第350帧处插入帧，并锁定图层，如图8-25所示。

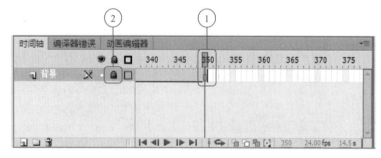

图8-25　插入帧并锁定图层

（16）新建图层，命名为"画册1"，把图片"画册1"拖到舞台合适位置，如图8-26所示。

图8-26 摆放好画册1

（17）在第30帧处按【F6】键插入关键帧，并创建传统补间，在第1帧处把图片透明度设置为"1%"，如图8-27所示。

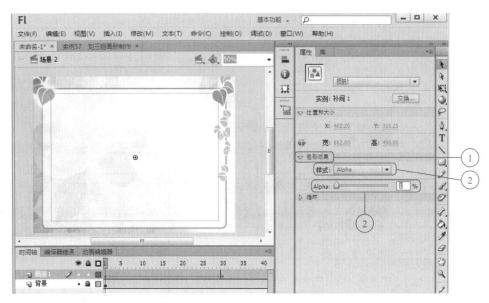

图8-27 在第1帧处把图片透明度设置为"1%"

（18）新建图层，命名为"画册2"，在第60帧处按【F7】键插入空白关键帧，把图片"画册2"拖到舞台合适位置，如图8-28所示。

图8-28　摆放好画册2

（19）在第90帧处按【F6】键插入关键帧，并创建传统补间，在第60帧处把图片缩小并设置透明度为"1%"，如图8-29所示。

图8-29　把图片缩小并设置透明度为"1%"

（20）新建图层，命名为"画册3"，在第120帧处按【F7】键插入空白关键帧，把图片"画册3"拖到舞台合适位置，如图8-30所示。

图8-30 摆放好画册3

（21）在第150帧处按【F6】键插入关键帧，并创建传统补间，在第120帧处把图片缩小并设置透明度为"1%"，在【属性】面板的【补间】区域将【旋转】设置为【顺时针】，如图8-31所示。

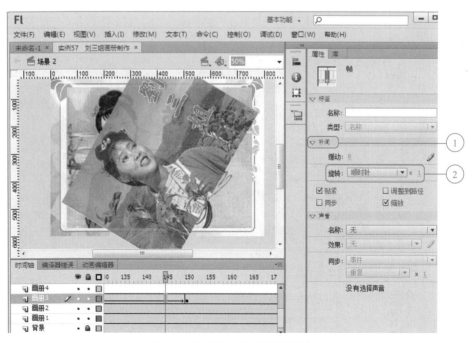

图8-31 把图片设置成旋转效果

（22）新建图层，命名为"画册4"，在第180帧处按【F7】键插入空白关键帧，把图片"画册4"拖到舞台合适位置，如图8-32所示。

图8-32　摆放好画册4

（23）在第210帧处按【F6】键插入关键帧，并创建传统补间，在第180帧处把图片缩小并设置透明度为"1%"，如图8-33所示。

图8-33　把图片缩小并设置透明效果

（24）新建图层，命名为"画册5"，在第210帧处按【F7】键插入空白关键帧，把图片"画册5"拖到舞台合适位置，如图8-34所示。

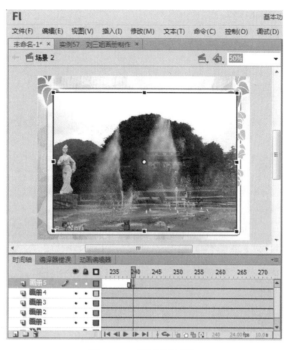

图8-34　摆放好画册5

（25）在第270帧处按【F6】键插入关键帧，并创建传统补间，在第240帧处把图片放大并设置透明度为"1%"，如图8-35所示。

图8-35　把图片放大并设置透明效果

（26）新建图层，命名为"画册6"，在第210帧处按【F7】键插入空白关键帧，把图片"画册6"拖到舞台合适位置，如图8-36所示。

图8-36　摆放好画册6

（27）在第330帧处按【F6】键插入关键帧，并创建传统补间，在第300帧处把图片缩小并设置成旋转效果，如图8-37所示。

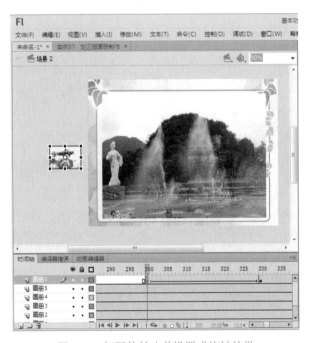

图8-37　把图片缩小并设置成旋转效果

（28）新建图层，命名为"按钮"，在第330帧处按【F7】键插入空白关键帧，从【库】面板中把元件【重播】拖到场景右下角，如图8-38所示。

图8-38 添加重播按钮

（29）新建图层，命名为"stop"，在第350帧处按【F7】键插入空白关键帧。选择【窗口】│【动作】命令或按【F9】键，打开【动作】面板，在【动作】面板中输入"stop();"。

（30）在第330帧处选择【重播】按钮，在【动作】面板中单击【代码片断】按钮，打开【代码片断】面板。

（31）在【代码片断】面板中，展开"时间轴导航"选项，双击【单击以转到下一场景并播放】选项。

（32）在弹出的【设置实例名称】对话框中，输入实例名称为【rp】，单击【确定】按钮，如图8-39所示。

图8-39 【设置实例名称】对话框

（33）在【动作】面板中，自动生成播放代码，如图8-40所示。

图8-40　重播代码

（34）在"时间轴"面板中，自动生成动作代码图层【Actions】，如图8-41所示。

图8-41　时间轴上自动生成动作代码图层

（35）保存文件，按【Ctrl+Enter】组合键进行影片测试。

小　　结

　　本章主要介绍了ActionScript 3.0的基础知识，【代码片段】面板的使用。在本章的学习中还应注意以下几点：

- 要使ActionScript语句能够正常运行，必须按照正确的语法规则进行编写。
- 利用【代码片段】面板可以使初学ActionScript 3.0语言的用户快速上手，还可以帮助用户了解不同语句的用途和使用方法。
- 在【动作】面板中可以查看、添加和编辑ActionScript代码。
- 利用ActionScript 3.0制作的交互效果，有很多都是利用鼠标事件触发的，因此应熟练掌握各种鼠标事件的代码。

练习与思考

一、填空题

1. _____是指在动画作品播放时支持事件响应和交互功能的一种动画。

2. _____是Flash的编程语言，与之前的版本有着本质上的不同，它是一门功能强大、符合业界标准的面向对象的编程语言。

3. 对于_____、_____、_____、方法名等，要严格区分大小写。如果关键字的大小写出现错误，在编写程序时就会有错误信息提示。

二、选择题（单选）

1. 如果关键字的大小写出现错误，在编写程序时就会有错误信息提示。如果采用了彩色语法模式，那么正确的关键字将以（　　）显示。

  A. 蓝色   B. 红色   C. 绿色   D. 紫色

2. 将动作脚本添加到"关键帧"上时，只需选中"关键帧"，然后在（　　）面板中输入相关动作脚本即可，添加动作脚本后的"关键帧"会在上面出现一个"α"符号。

  A. 属性   B. 颜色   C. 变形   D. 动作

第9章

综合案例

 学习目标

- 掌握用 Flash 制作电影片头的方法
- 掌握用 Flash 制作贺卡
- 掌握用万彩动画制作卫生公益广告

案例 9-1 开场和片头动画——《超胆侠》电影片头制作

情境导入

《超胆侠》电影片头制作是在经典图片素材的基础上，通过对镜头和情节的表现方式等方面进行构思，利用Flash制作完成的电影片头动画。在动画中通过几个镜头的惯穿来突出电影片头的大场景和动感效果，配合有气势和轰动感的音乐和音效，共同构成这部作品。

案例说明

在电影片头制作中，音乐和音效对电影片头动画的气氛烘托起到很关键的作用，用Flash制作完成的电影片头动画具有短小精悍、表现力强等特点，并且操作简单，极易上手。通过对镜头和情节等方面进行构思，完全可以利用Flash制作出精彩的片头动画。

相关知识

（1）不同镜头之间的过渡动画制作方法。
（2）闪光渐变动画的制作。
（3）利用图片在Flash中的转动、移动等，制作有空间感的动画效果。

案例实施

1. 导入电影素材元件

（1）运行Flash CS6软件，选择【新建】 |【ActionScript 2.0】选项，新建一个背景颜色为白色，帧频为12、大小为550像素×400像素的文档。

（2）导入制作电影片头《超胆侠》所需的图片"图1.jpg""图2.jpg""图3.jpg""图4.jpg"。

2. 制作底图移动和色调渐变动画

（1）新建【底图】图层，导入底图图片"图2.jpg"，图片左边和场景左边对齐，大小位置如图9-1所示。

（2）创建【图2】图形元件，把"图2.jpg"转换成【图2】图形元件。

图9-1 导入底图图片效果图

（3）制作底图移动动画。在【底图】图层的第30帧插入关键帧，利用上下左右键向左水平移动图形元件【图2】到适当的位置，并在第1~30帧之间创建补间动画。设置第1帧图形元件的颜色属性"色调"值如图9-2所示。

3. 制作亮光动画

（1）新建亮光图层，绘制亮光图形。
① 在亮光图层的第30帧插入空白关键帧。

② 选择【椭圆工具】，关闭笔触颜色，设置填充色为放射状渐变，颜色为黄色（R:244，G:255，B:43，Alpha为0%），在场景上绘制一个小圆，如图9-3所示。

图9-2 颜色属性"色调"图

图9-3 绘制小圆

（2）把小圆转换成【小圆】图形元件。

（3）制作亮光动画。

① 在亮光图层的第41帧插入关键帧，然后在第30～41帧之间创建补间动画。

② 在第33、35帧插入关键帧，选择【缩放工具】，等比例放大第33帧的图形元件【小圆】。

③ 选择【缩放工具】，等比例缩小第41帧的图形元件【小圆】，并设置该图形元件的颜色属性Alpha值为0%。

④ 在第42帧插入空白关键帧。

4．制作光束元件

新建【光束-1】图层，新建【光束】图形元件，进入图形元件编辑模式，选择【矩形工具】，关闭笔触颜色，设置填充色为放射状渐变，颜色为黄色（R:254，G:253，B:146，Alpha值为0%），在场景上绘制出图形，如图9-4所示。

图9-4 制作光束元件

5．制作光束动画

（1）把【光束】图形元件导入场景中。选择【光束-1】图层的第35帧，拖出"光束"图形元件，大小和位置如图9-5所示。

（2）在【光束-1】图层的第38帧插入关键帧，第39帧插入空白关键帧，并在第35～38帧之间创建补间动画。

（3）选择【缩放工具】等比例缩小第35帧的图形元件"光束"，效果如图9-6所示。

图9-5 编辑【光束-1】图层第35帧

图9-6 等比例缩小第35帧的图形元件"光束"

（4）新建【光束-2】图层，绘制渐变矩形。在【光束-2】图层的第38帧插入空白关键帧，使用【矩形工具】，关闭笔触颜色，设填充色为线性渐变（黄色R:254，G:253，B:146，白色Alpha为0%），绘制出矩形，覆盖整个场景，如图9-7所示。

（5）在【光束-2】图层的第45帧插入关键帧。

（6）在第38帧使用【任意变形工具】调整矩形大小和形状，并在38～45帧之间创建补间动画。

6．制作下一镜头动画

（1）导入图片。在【背景】图层第47帧插入空白关键帧，从【库】面板中拖出图片"图4.jpg"，如图9-8所示。

图9-7 绘制线性渐变矩形　　　　　　　　　图9-8 "背景"图层第47帧加载的图片

（2）在【光束-2】图层的第46、47帧插入关键帧，填充两个关键帧所在图形为黑色，并改变第47帧的图形颜色，设置Alpha值为0%。

（3）在【背景】图层第48、49帧插入空白关键帧，然后在第49帧从【库】面板中拖入图片"图1.jpg"到场景中，大小和位置如图9-9所示。

（4）在【光束-2】图层的第49、51帧插入关键帧，并在两帧之间创建补间动画，改变第49帧的图形颜色，设置Alpha值为100%。

（5）选择【背景】图层第48帧，导入"人物-1.wmf"图片到舞台。

（6）利用"洋葱皮"功能使图片"人物-1.wmf"与第49帧图形中的人物大小和位置对齐，如图9-10所示。

图9-9 "背景"图层第49帧加载的图片　　　　　图9-10 "背景"图层第48帧加载的图片

7．制作文字出现动画和片头结尾动画

（1）新建【文字-1】图层，在第72、73帧插入空白关键帧。

（2）导入文字图片"文字-1.wmf""文字-2.wmf"到库。

（3）在【文字-1】图层的第72帧拖放"文字-1.wmf"，在第73帧拖放"文字-2.wmf"，调整大小和位置，如图9-11所示。

（4）制作闪光过渡动画。

① 在【光束-2】图层的第71、72、73、78帧插入关键帧，然后改变第71、73帧的图形颜色，设置Alpha值为100%。

② 填充第72帧的图形为白色，接着在第73～78帧之间创建补间动画。

（5）调入图片。在【背景】图层的第71插入空白关键帧，从【库】面板中拖入图形元件【图3】，效果如图9-12所示。

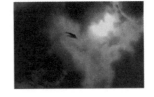

图9-11　【文字-1】图层72帧、73帧中文字效果　　　　图9-12　【背景】图层第71帧效果

（6）在【背景】图层的第140帧插入关键帧，接着在第71～140帧之间创建补间动画，并选择第71帧的图形元件【图3】，使用【任意变形工具】旋转和放大，效果如图9-13所示。

（7）制作文字的动画效果。

① 在【文字-1】图层的第77、140帧插入关键帧，然后在两帧之间创建补间动画。

② 在第81帧插入关键帧，并使用【缩放工具】等比例放大第81帧的图形元件【文字-1】，如图9-14所示。

图9-13　【背景】图层第71帧调整效果　　　　图9-14　【文字-1】图层第81帧调整效果

③ 使用【缩放工具】等比例缩小第140帧的图形元件【文字-1】，如图9-15所示。

④ 新建【文字-2】图层，把【文字-1】图层的第77～81帧复制到相应位置。在【文字-2】图层的第85帧插入关键帧，使用【缩放工具】等比例放大第85帧的图形元件【文字-2】，再设置颜色属性Alpha值为10%。效果如图9-16所示。

图9-15　【文字-1】图层第140帧调整效果　　　　图9-16　【文字-2】图层第85帧调整效果

⑤ 在第81～85帧之间创建补间动画。

（8）新建【过渡】图层，在该图层上设置过渡画面。

8. 定格最后一帧画面

在【过渡】图层的最后一帧加入函数"stop"，实现画面定格。

9. 导入和编辑音乐、音效

（1）导入素材提供的声音元件"过程.wav""划过.wav""开启.wav""神秘.wav""音效-1.wav""震撼.wav"。

（2）新建【音乐1】图层，在第72帧插入空白关键帧，在第1帧拖入"音效-1.wav"，同步方式为"数据流"。

（3）新建【音乐2】图层，在第35、46、78帧插入空白关键帧，在第1帧拖入"神秘.wav"，同步方式为"数据流"；在第35帧拖入"开启.wav"，同步方式为"数据流"；在第78帧拖入"震撼.wav"，同步方式为"数据流"。

（4）新建【音乐3】图层，在第41、56、67、81帧插入空白关键帧，在第41帧拖入"划过.wav"，同步方式为"数据流"；在第67帧拖入"划过.wav"，同步方式为"数据流"。具体时间轴如图9-17所示。

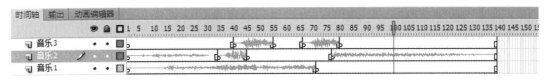

图9-17　声音效果图

10. 保存后测试

（1）以文件名"案例10-1超胆侠.fla"保存文件。

（2）按【Ctrl+Enter】组合键测试影片效果。

案例 9-2　贺卡制作

 情境导入

在生日会上，一只可爱的小猪想为它过生日的朋友表演一个能表达他心愿的节目。在舞台上，他首先充满深情而又磨磨唧唧地哼了几句，感到不满意，然后重新表演了一个吉他弹唱，感觉还是不能充分表达自己的意思，最后他采用最直接的表达方式，手捧生日蛋糕入场，祝朋友生日快乐！周围响起了热烈的欢呼声。

案例说明

在本节的《生日贺卡》学习中，场景、形象大部分是在Flash中制作完成，少部分采用现有

的图片素材，原创成分加大，当然有一定的难度。不过在学习中通过对小猪造型的创意，动作表情的制作，场景的绘制，了解到了卡通造型的绘画基础和动作制作方法，场景的布局、颜色的搭配等基本的动画制作要领。

相关知识

（1）选择工具修改图形的边缘形状。

（2）逐帧动画的制作。

（3）利用洋葱皮功能，制作有规律的运动动画。

案例实施

（1）运行Flash CS6软件，选择【新建】|【ActionScript 2.0】选项，新建一个背景颜色为黄色，帧频为12、大小为550像素×400像素的文档。

（2）把图层1重命名为"背景"，选择【矩形工具】配合【选择工具】的变形功能，在舞台上绘制图9-18所示的背景。

（3）用【椭圆工具】及【填充变形工具】在场景中画出图9-19所示两个气球。

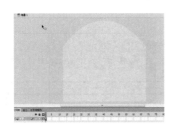

图9-18　舞台背景效果图

图9-19　气球效果图

（4）导入素材中礼物图片并放置在合适的位置，如图9-20所示。

（5）制作飘带影片剪辑元件。选择【插入】|【新建元件】命令，弹出【创建新元件】对话框，类型选择【影片剪辑】，建立一个名为"飘带"的影片剪辑元件，在元件中制作四个关键帧，用【刷子工具】画出每帧所对应的图形画面，如图9-21所示，实现逐帧动画。

图9-20　导入素材中礼物后效果图

图9-21　绘制飘带四个状态效果图

回到舞台，新建【飘带】图层，把【飘带】影片剪辑元件拖到合适位置，如图9-22所示。

（6）制作小猪动画元件。

① 绘制小猪基本造型，命名为"小猪-1"，类型选择【图形】，效果如图9-23所示。

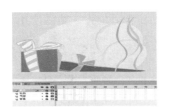

图9-22 飘带在舞台的位置

图9-23 【小猪-1】图形元件

② 新建【猪头】图形元件，效果如图9-24所示。

③ 新建小猪背吉他的图形元件，命名为"小猪-2"，效果如图9-25所示。

图9-24 【猪头】图形元件

图9-25 【小猪-2】图形元件

④ 新建小猪弹吉他影片剪辑元件，命名为"小猪-3"，建立四个关键帧，对各关键帧中小猪弹吉他的位置、形状均进行相应调整，四个关键帧画面效果如图9-26所示，这样就生成了小猪一蹦一蹦而且摇头晃脑的连续动画。

图9-26 【小猪-3】影片剪辑元件四个关键帧画面

⑤ 新建小猪手捧蛋糕图形元件，命名为"小猪-4"，效果如图9-27所示。

（7）制作小猪逐帧动画。

思路：通过以上步骤把小猪动画中需要用到的基本元件都制作完了，现在根据情节把相关的元件导入到小猪的动画元件中，经过调整、再加工，制作成一整套小猪表演动画。首先小猪从天而降，紧握双手摇头晃脑地唱歌，接着感觉不太满意，眨眨眼睛，飞出场外，然后身背吉他从天而降，一蹦一蹦摇头晃脑弹唱，做出不太满意的表情，把吉他踢出场外，一溜烟离开场地，最后小猪红着脸手捧蛋糕，微笑着从天而降。

图9-27 【小猪-4】图形元件

① 新建小猪动画元件。选择【插入】|【新建元件】命令，弹出【创建新元件】对话框，名称输入【小猪-动画】，类型选择【图形】。

② 在图层1的第1帧，把【库】面板中的【小猪1】图形元件拖到场景居上的位置，在第6帧插入关键帧。

③ 选中第6帧中的【小猪1】元件，按【↓】键向下移动到合适位置，然后使用【任意变形工具】把元件倾斜一个角度，第1帧和第6帧小猪形态如图9-28所示。

④ 在第1～6帧创建补间动画，这样小猪实现了从天而降的动画效果。

⑤ 在图层1第7帧插入关键帧，选择【修改】|【分离】命令，把元件打散。

图9-28　小猪从天而降两个状态

⑥ 修改图形制作图9-29所示的小猪身体部分，在第49帧插入帧，延长动画。

⑦ 新建图层2，在图层2第7帧插入关键帧，把【库】面板中的【猪头】元件拖到场景中，合成完整的小猪，如图9-30所示。

图9-29　小猪身体部分

图9-30　合成效果

⑧ 在第14、21帧插入关键帧，用【任意变形工具】把这两帧的头部元件分别向右和向左倾斜，效果如图9-31所示。

⑨ 在第7～14帧、第14～21帧之间创建补间动画，如图9-32所示。这样就形成了小猪双手紧握胸前站着，摇头晃脑唱歌的效果。

图9-31　小猪摇头晃脑两个不同效果

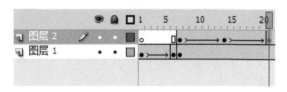

图9-32　动画时间轴效果

⑩ 在图层2的第30帧和39帧插入关键帧，用【任意变形工具】把第39帧的头部元件调正，如图9-33所示，在第30～39帧之间创建补间动画。

⑪ 在第41帧插入关键帧，选中41帧中的【猪头】元件，选择【修改】|【分离】命令，把元件打散。

⑫ 用刷子画出小猪闭眼效果，如图9-34所示。

⑬ 在44、46、48帧重复以上效果，这样睁眼到闭眼交叉出现就形成了连续眨眼效果。时间轴如图9-35所示。

⑭ 在图层1第50帧插入关键帧，利用【刷子工具】制作出图9-36所示的抬腿摆手准备离开状态的身体部分的动作。

图9-33 小猪睁眼效果   图9-34 小猪闭眼效果

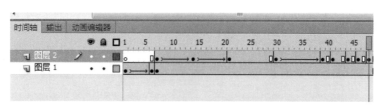

图9-35 小猪眨眼动画时间轴

⑮ 在图层2第50帧插入关键帧，把此帧的头部调整协调，如图9-37所示。然后在第53帧插入空白关键帧。

⑯ 在图层2第53帧画出图9-38所示线条，并在53～58帧创建补间动画，这样离开形成运动线出现到消失的动画效果。

图9-36 小猪离开状态的身体部分   图9-37 加上头部小猪离开状态图像   图9-38 小猪离开运动线

⑰ 图层1第59～75帧效果如图9-39所示，实现小猪从天而降。

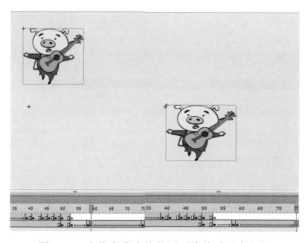

图9-39 小猪身背吉他从天而降前后两个位置

⑱ 在图层1第103帧、105帧、111帧、113帧、119帧、124帧分别制作出小猪正常睁眼、闭眼、皱眉、扔吉他、跑出画面的状态，如图9-40所示。

图9-40　小猪睁眼、闭眼、皱眉、扔吉他、跑出画面的状态

⑲ 制作小猪从天而降手捧蛋糕出现动画。把【库】面板中小猪手捧蛋糕元件拖入图层1第125帧及150帧，调整位置，如图9-41所示，创建补间动画。然后在第225帧按【F5】键插入帧，延长动画。

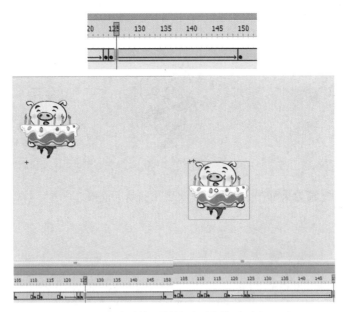

图9-41　小猪手捧蛋糕从天而降前后两个画面

（8）把小猪动画调入主场景中。

（9）制作文字元件，如图9-42所示。

（10）导入音乐元件。

① 将素材中的音乐文件"3.wav""音乐-慢.wav""音乐-中.wav"导入到【库】面板。

② 新建【音乐】图层，在此图层第120帧插入空白关键帧，然后选中第1帧，在【属性】面板的【声音】区域选择名称为"音乐-中.wav"的音乐文件，同步为"数据流"，如图9-43所示。

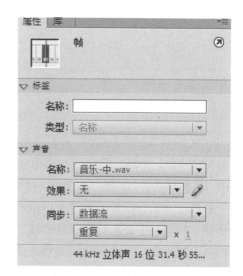

图9-42 文字图形

图9-43 声音参数选项

③ 使用同样的设置方法，把"音乐-慢.wav"文件调入【音乐】图层的第120帧。

④ 新建【欢呼】图层，在此图层第131帧插入空白关键帧，按上面的步骤，调入音效文件"3.wav"。

（11）舞台时间轴最终效果如图9-44所示。

图9-44 舞台时间轴最终效果

（12）以文件名"案例9-2《猪你生日快乐》贺卡.fla"保存文件。

（13）按【Ctrl+Enter】组合键测试影片效果。

案例 9-3　综合练习——卫生公益广告制作

 情境导入

请分类放置垃圾

生活垃圾一般可分为四大类：可回收垃圾、厨余垃圾、有害垃圾和其他垃圾。可回收垃圾主要包括废纸、塑料、玻璃、金属和布料五大类。废纸：主要包括报纸、期刊、图书、各种包装纸、办公用纸、广告纸、纸盒等，但是要注意纸巾和厕所纸由于水溶性太强不可回收。

塑料：主要包括各种塑料袋、塑料包装物、一次性塑料餐盒和餐具、牙刷、杯子、矿泉水瓶等。玻璃：主要包括各种玻璃瓶、碎玻璃片、镜子、灯泡、暖瓶等。金属物：主要包括易拉罐、罐头盒、牙膏皮等。布料：主要包括废弃衣服、桌布、洗脸巾、书包、鞋等。通过综合处理回收利用，可以减少污染，节省资源。如每回收1 t废纸可造好纸850 kg，节省木材300 kg，比等量生产减少污染74%；每回收1 t塑料饮料瓶可获得0.7 t二级原料；每回收1 t废钢铁可炼好钢0.9 t，比用矿石冶炼节约成本47%，减少空气污染75%，减少97%的水污染和固体废物。

案例说明

保护地球，节约能源，人人有责。通过使用万彩动画大师软件制作卫生公益广告MG动画。

相关知识

1．万彩动画大师软件介绍

万彩动画大师是一款免费的MG动画视频制作软件，易上手，比AE、Flash更简单。它适用于制作企业宣传动画、动画广告、营销动画、多媒体课件、微课等。

2．万彩动画大师软件界面认识

（1）双击打开桌面上万彩动画大师软件的快捷方式 AM，进入该软件初始界面，如图9-45所示。

（2）单击【新建空白项目】按钮，可进入到软件项目编辑界面。

（3）万彩动画大师的界面由菜单栏、工具栏、元素工具栏、快捷工具栏、场景编辑栏、编辑区域和时间轴组成。

① 菜单栏由文件、编辑、操作、时间轴、帮助菜单构成，如图9-46所示。

② 工具栏中包含预览、保存、发布按钮，如图9-47所示。

③ 快捷工具栏包括首页按钮、放大画布、缩小画布、锁定画布、复制粘贴以及撤销返回等按钮，如图9-48所示。

④ 元素工具栏，单击该工具栏中的按钮可以添加相应的内容，包括图形、图片、文本、角色、气泡、SVG图片等，如图9-49所示。

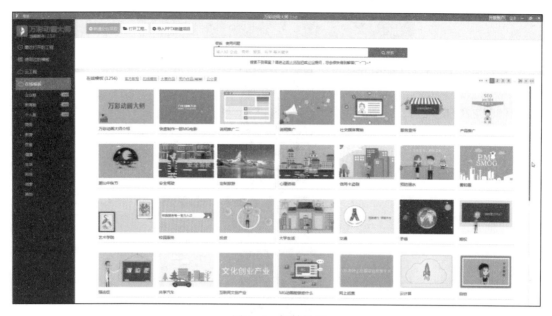

图9-45 初始界面

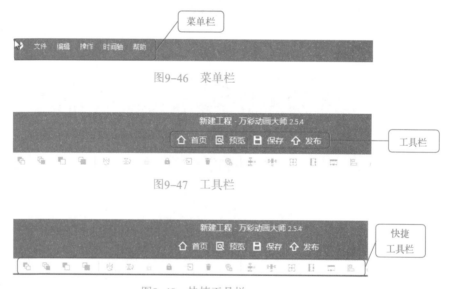

图9-46 菜单栏

图9-47 工具栏

图9-48 快捷工具栏

⑤ 场景编辑栏，可根据指示单击添加一个新的空白场景或是在已有的场景模板中选择，此外可复制场景，设置动画场景的播放顺序以及删除场景等操作，如图9-50所示。

⑥ 编辑区域，可锁定画布，进行画布旋转，还可以选择视频的显示比例。

⑦ 时间轴，可以进行的设置包括添加背景、添加镜头、添加字幕、录音、隐藏元素对象、添加动画效果，设置动画显示时长以及设置播放顺序等操作，如图9-51所示。

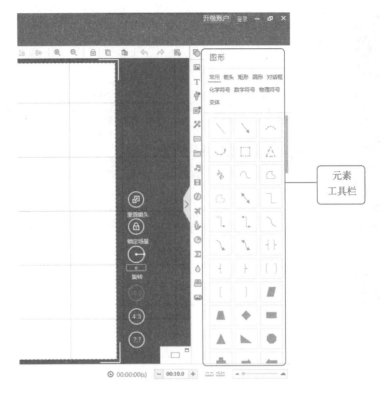

图9-49 元素工具栏

图9-50 场景编辑栏

图9-51 时间轴

案例实施

1. 制作卫生公益广告片头

（1）运行万彩动画大师软件，如图9-52所示，单击【新建空白项目】按钮，进入工程文件。

图9-52 新建项目

（2）单击【新建场景】按钮，选择【在线场景】选项卡，在【动态场景】列表中，选中主题名为【环保】的场景，便可完成片头的插入（注：必须是在有网络的情况下才能使用在线场景），如图9-53所示。

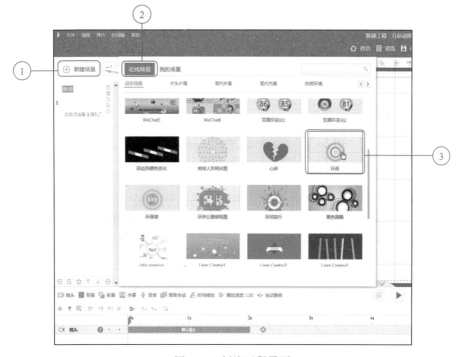

图9-53 新建工程界面

（3）进入【环保】场景后，选中【environmental protection】文字图层，修改其中的文字为【卫生公益广告】，设置字体为黑体，字体颜色为黑色，如图9-54所示。

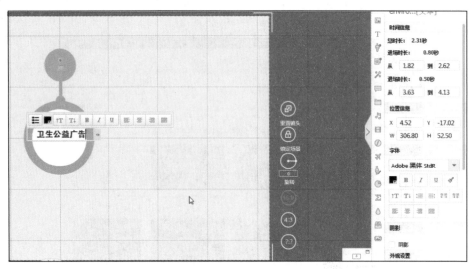

图9-54　修改文字内容

（4）在片头场景上，按鼠标左键拖动到第1位，松开鼠标，即可调整场景的位置，如图9-55所示。

2. 制作卫生公益广告内容

（1）选中第二个场景，单击【元素工具栏】|【图片】|【添加本地图片】按钮，如图9-56所示，将素材中的"可回收垃圾桶.png"和"不可回收垃圾桶.png"放入场景中，调整图片大小后，将两张图放在适当位置，如图9-57所示。

图9-55　调整场景位置

图9-56　添加图片

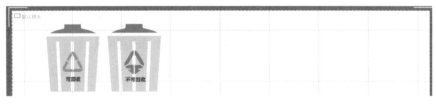

图9-57　调整位置

（2）单击【元素工具栏】|【角色】按钮，打开【角色】窗口，选择【官方角色】|【商业白领男】，如图9-58所示。

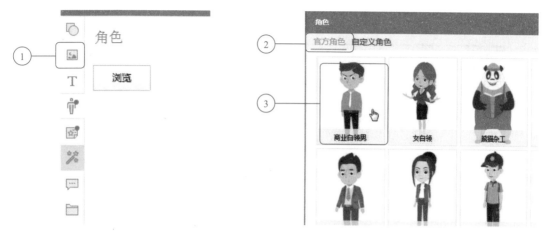

图9-58 角色的选择

（3）进入【商业白领男】人物窗口，选择【走路】动作，如图9-59所示；将该角色调整大小后放置到合适位置，如图9-59所示。

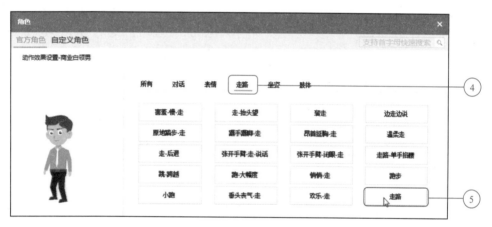

图9-59 选择角色动作

（4）制作人物角色边走边移动的效果，在时间轴【商业白领男】图层上，单击【走路】上边的【加号】按钮后，进入添加效果窗口，选择【移动】，如图9-60所示。

图9-60 移动效果设置

（5）双击人物角色，调整移动的路径，如图9-61所示。

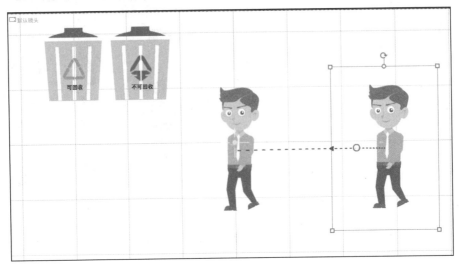

图9-61 调整路径

（6）人物完成行走的动作后，呈静止状态，并为人物添加【无辜1】表情，如图9-62所示。

图9-62 无辜1表情

（7）导入"易拉罐.png"图片，按照放置垃圾桶图片的方式放入场景中，调整该图片的大小及角度，如图9-63所示。

图9-63 易拉罐图片

（8）在"易拉罐"图层中为易拉罐添加【自由落体与抛投】效果，投放方式为【左上抛投】，如图9-64所示。

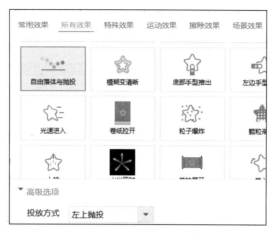

图9-64 自由落体与抛投

（9）在【可回收垃圾桶】图层上右击，在弹出的快捷菜单中选择【修改效果】｜【特殊效果】｜【手绘】，用同样的方法为【不可回收垃圾桶】、【人物角色】两个图层添加手绘效果，如图9-65所示。

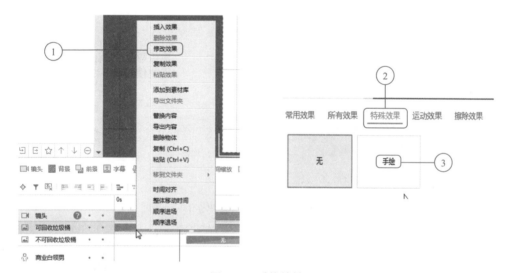

图9-65 手绘效果

（10）在【镜头】图层上单击【加号】｜【镜头1】，并调整镜头的位置，做出镜头移动的效果，如图9-66所示。

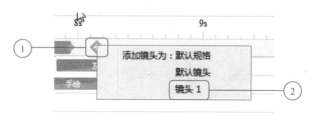

图9-66 镜头添加

（11）单击【元素工具栏】│【效果】│【气泡】，选用第三行第一个云形气泡，如图9-67所示），并设置该气泡的效果为【手绘】。

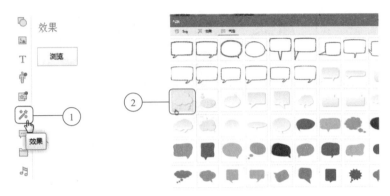

图9-67　云形气泡

（12）单击【元素工具栏】│【文本】按钮，如图9-68所示。输入"易拉罐是金属，可回收使用哟！！"文字，放置在气泡上，并设置文字出现的效果为"左边延伸"，如图9-69所示。

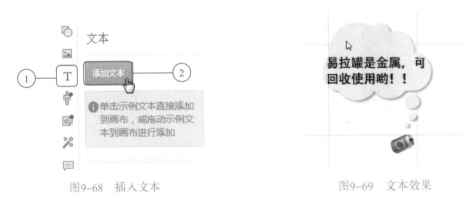

图9-68　插入文本　　　　　　　　　　　　　　图9-69　文本效果

（13）对各个图层上的帧进行调整，最终时间轴效果如图9-70所示。

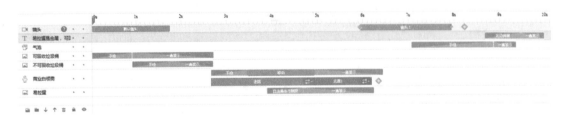

图9-70　时间轴效果

3. 预览

单击【时间轴】│【预览】按钮，或按【Ctrl+Shift+Space】组合键，如图9-71所示。

图9-71　预览

4. 保存及发布

（1）单击【工具栏】｜【保存】按钮，可保存扩展名为【.am】的工程文件。（注：第一次保存时，会出现另存为对话框，需选择磁盘位置。

（2）单击【工具栏】｜【发布】按钮，可根据需求选择发布类型，有【输出到云分享到微信】、输出成视频、【Gif】三种发布类型，如图9-72所示。单击【下一步】按钮，完成操作。

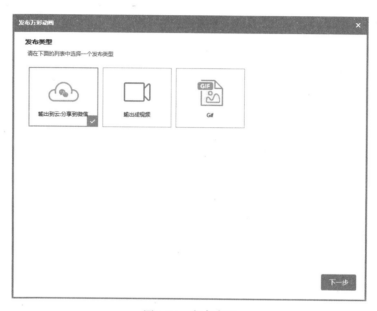

图9-72　发布类型

（3）选择【输出到云分享到微信】，需填写视频标题、分类等内容，单击【发布】按钮，即可，如图9-73所示。

图9-73　输出到云分享到微信

（4）选择【输出成视频】发布类型，需选择视频大小、格式等参数，单击【发布】按钮即可，如图9-74所示。

图9-74　发布成视频

（5）选择【Gif】发布类型，需选择保存的路径、大小等参数，单击【发布】按钮即可，如图9-75所示。

图9-75　发布成Gif

小 结

本章主要介绍了Flash综合应用案例和万彩动画大师的基础知识。在本章的学习中还应注意以下几点：

- 可以选择外部矢量图形和位置导入到舞台还是导入到【库】面板中。导入位图图像时，无论选择哪种导入方式，都将在【库】面板中保存导入的位图图像，并可重复使用。
- 在导入和应用声音文件时，读者应掌握声音同步选项的方法。
- 万彩动画大师制作动画时，输出时要注意选择视频的格式和帧频等选项。

练习与思考

一、填空题

1. 万彩动画大师是一款免费的_____，易上手，比AE、Flash更简单！它适用于制作_____、_____、_____、_____等。

2. 万彩动画大师的界面由菜单栏、_____、场景编辑栏、快捷工具栏、_____、_____和元素工具栏组成。

3. 万彩动画大师的快捷工具栏包括首页按钮、_____、缩小画布、_____、复制粘贴以及撤销返回。

二、选择题（单选）

1. 万彩动画大师在时间轴上可以进行相关的设置，包括添加背景、添加镜头、添加字幕、（ ）、隐藏元素对象、添加动画效果，设置动画显示时长以及设置元素物体播放顺序的操作。

    A. 录音   B. 文件

2. 万彩动画大师场景编辑栏，可根据指示单击添加一个新的（ ）或是在已有的场景模板中选择，此外可复制场景，设置动画场景的播放顺序以及删除场景等操作。

    A. 空白场景属性   B. 颜色   C. 图形   D. 动作

第10章

H5 简介

 学习目标

- 了解 H5 的应用领域
- 了解 H5 的基本操作方法
- 了解传统的 Flash 动画与 H5 动画的特点

随着网络飞速发展，移动设备技术不断突进，H5可以说无处不在。那么，什么是H5呢。首先，几乎所有在线的应用类网站，本质上都是一个"H5"，比如YouTube和Facebook，如图10-1所示。

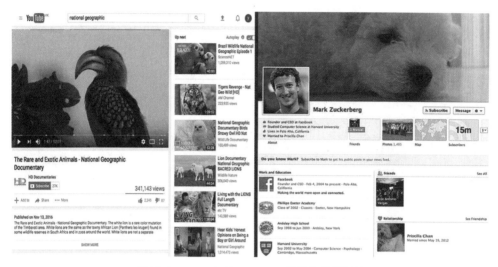

图10-1　YouTube和Facebook在线的应用网站

再比如在线的Office 365，如图10-2所示。此界面是在浏览器中打开的页面，不是计算机上安装的Excel。

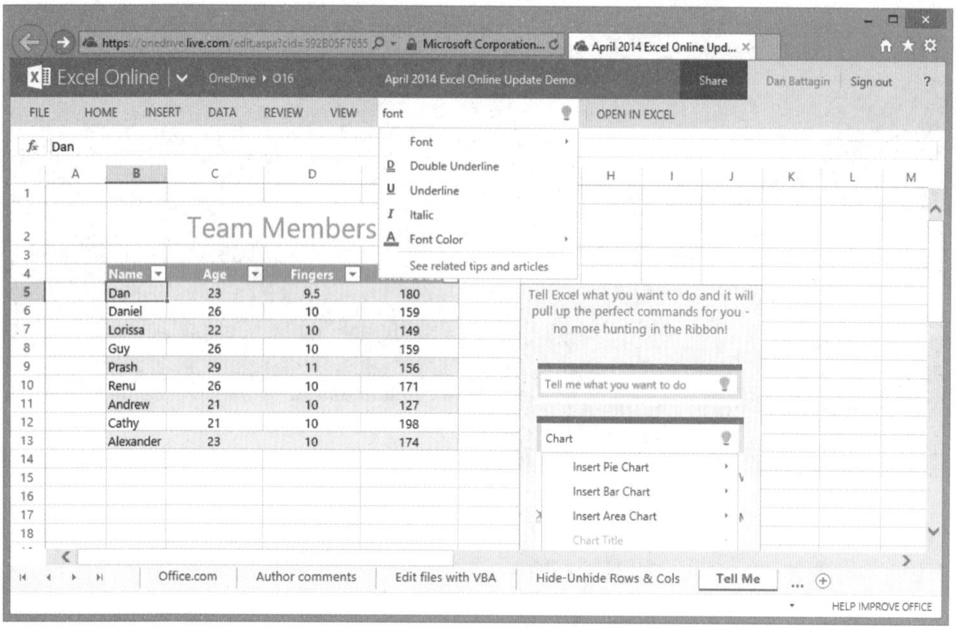

图10-2　在线的Office 365

再如谷歌地图在线版，如图10-3所示。

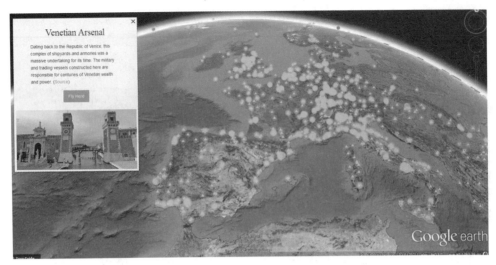

图10-3　谷歌地图在线版

再如苹果的网站，如图10-4所示。

图10-4　苹果的网站

H5还可以是各种在线游戏，如图10-5所示。

图10-5 各种在线游戏

H5也可以是户外大屏中的互动内容,如图10-6所示。

图10-6 户外大屏互动

当然，仅仅是用于微信营销的H5，也远远不光是翻页广告页面，如图10-7所示。

图10-7　翻页广告页面1

H5即一种新的网页。

其实任何一个通过浏览器打开的网页，都可以是H5，那H5到底是什么呢？H5来自HTML5，是国内的专门称呼。所谓HTML5是指HTML的第5个版本，而HTML，则是指描述网页的标准语言。因此，HTML5，是第5个版本的"描述网页的标准语言"。

H5的能力和作用。

有了以上的基本概念，就不难理解，HTML5，它其实就是一种新的网页格式，配合CSS和JS文件，能提供相比旧版本的HTML4网页更多的功能和效果。

10年前的网页如图10-8所示。

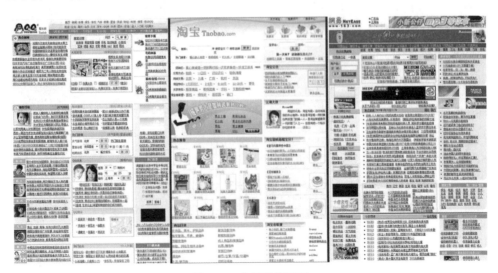

图10-8　十年前的网页

现在看到的各种网页和10年前相比，区别很大，大多数应归功于HTML5相对于之前的网页格式，而新增的能力。根据MDN的总结，这些能力主要包括基本结构优化、实时在线通信、本地存储、多媒体元素、3D动画、性能升级、设备接口、CSS3样式等，如图10-9所示。

图10-9　H5新增的能力

这些能力不用一个一个去详细了解，只需要大概知道，相比上一个版本的网页格式HTML4，HTML5是一个革命性的升级，使用HTML5之后，之前只能下载到本地打开的PC软件或手机App，现在基本上都能搬到浏览器中来运行了。

总结来说，HTML5，或者H5，其实就是一种新的网页形式，是在浏览器中打开的网页应用，也是未来大多数软件存在的形式。

那么，H5动画是什么？众所周知，一个元素，动态往往会比静态愈加吸睛；假如将这个元素放到H5中，适当的动态效果一定能给用户带来更好的阅读体验。自从2014年以来，小到页面加载动画，元素动效，大到各种一夜爆红的H5案例，H5动画效果几乎红遍了大江南北，而动画效果设计一直以来又是设计师的专属领域。H5的动效所要用到的软件，那就是现在比较热门的H5制作工具。由于H5页面和动画特效两者都是相依相随的，所以在制作H5页面的过程中，就应该考虑到页面中的信息是以怎样的动效方式展示在用户面前，这时就需要用到H5制作工具为，H5页面设置各种各样的动画效果。H5可以制作移动端或计算机端的H5页面，优势在于能够制作出非常复杂的动画效果。在制作H5动画特效上，iH5提供了比较多元化的设计方式，例如设计师比较熟悉的时间轴、运动轨迹、画布，还有程序员熟悉的计数器、事件组、对象组等。不过要在H5上实现动画效果的制作，并不是随意用上一个组件就可以完成的，要完成整个H5页面的动画效果协调，需要综合利用不同的组件才能制作出一连串的H5动效。例如，下面以一个普通的时尚展示H5为例，制作这样的H5动效，需要在H5页面的舞台上建立时间轴、轨迹、滑动时间轴、事件等，建立这些组件以后，通过层级关系在对象树中将H5页面元素进行排列，再按照逻辑关系设置并调整好元素的时间轴、轨迹、事件的参数，才能完整地构造出H5页面中所见到的动画特效。

最后讨论一下传统的Flash动画与H5动画的特点：

（1）制作成本，Flash动画与比较复杂一点的H5动画的成本差不多了，所以开发成本相同，可是牵扯到技能就要多一些，动画短片宣传方法Flash动画占有优势。

（2）实用性，Flash动画是以视频的传播方法呈现，它可以在PC端和手机端都能够传达运用，并且100%设备都能够打开观看，可是H5必须用手机播放，并且对App端的播放器及浏览器都有要求，其兼容性不好，所以从这点看，H5不及Flash动画视频实用。

（3）视觉感，H5除了画面跟Flash动画差不多，但在声响和音效、画面特效等方面较Flash动画视频要差很远，乃至H5要完成这些作用需要许多工作量和开发费用，所以从视觉感和听觉感这个角度来看，H5不及Flash。

（4）单机传达性没有Flash动画文件便利，大部分H5动画都需要打开某指定网址或服务器链接才能正常访问，而Flash动画短片不需要，直接能够发视频文件，毕竟视频格式文件在所有的设备里面都是比较固定的格式文件，十分便利的。

（5）传达价值来说也是有限的，H5你得一次性看完，自始至终看，才能体会到整个内容的精华和要表达的内容，假如中间关闭了，后边的内容是无法又见看的，又得重新看，对用户来说体验感很差，而Flash动画在体现某一个内容时，是分段的，由于是视频格式，假如用户有事暂停一下，下次打开时，能够跳过已看过的视频，持续往后看，这个功用不必多说，大部分视频播放器和设备都具有这个功能。

附录 A　Flash 快捷键

1.【文件】菜单

命令	快捷键
新建	Ctrl+N
打开	Ctrl+O
作为库打开	Ctrl+Shift+O
关闭	Ctrl+W
保存	Ctrl+S
另存为	Ctrl+Shift+S
导入	Ctrl+R
导出影片	Ctrl+Alt+Shift+S
发布设置	Ctrl+Shift+F12
以HTML格式发布预览	Ctrl+F12
发布	Shift+F12
打印	Ctrl+P

2. 快捷键

命令	快捷键
撤销	Ctrl+Z
重做	Ctrl+Y
剪切	Ctrl+X
复制	Ctrl+C
粘贴	Ctrl+V
粘贴到当前位置	Ctrl+Shift+V
清除	Backspace
复制	Ctrl+D
全选	Ctrl+A
取消全选	Ctrl+Shift+A
剪切帧	Ctrl+Alt+X
拷贝帧	Ctrl+Alt+C
粘贴帧	Ctrl+Alt+V
清除帧	Alt+Backspace
选择所有帧	Ctrl+Alt+A
编辑元件	Ctrl+E

3.【查看】菜单

命令	快捷键
第一个	Home
前一个	Page　Up
后一个	Page　Down
最后一个	End
放大	Ctrl+=
缩小	Ctrl+?
正常100%画面	Ctrl+1
显示帧	Ctrl+2
全部显示	Ctrl+3
轮廓	Ctrl+Alt+Shift+O
高速显示	Ctrl+Alt+Shift+F
消除锯齿	Ctrl+Alt+Shift+A
消除文字锯齿	Ctrl+Alt+Shift+T
时间轴	Ctrl+Alt+T
工作区	Ctrl+Shift+W
标尺	Ctrl+Alt+Shift+R
显示网格	Ctrl+’
对齐网格	Ctrl+Shift+’
编辑网格	Ctrl+Alt+G
显示辅助线	Ctrl+；
锁定辅助线	Ctrl+Alt+；
对齐辅助线	Ctrl+Shift+；
编辑辅助线	Ctrl+Alt+Shift+G
对齐对象	Ctrl+Shift+/
显示形状提示	Ctrl+Alt+H
隐藏边缘	Ctrl+H
隐藏面板	F4

4.【插入】菜单

命令	快捷键
转换为元件	F8

新建元件	Ctrl+F8
新增帧	F5
删除帧	Shift+F5
清除关键帧	Shift+F6

5.【修改】菜单

命令	快捷键
场景	Shift+F2
文档	Ctrl+J
优化	Ctrl+Alt+Shift+C
添加形状提示	Ctrl+Shift+H
缩放与旋转	Ctrl+Alt+S
顺时针旋转90°	Ctrl+Shift+9
逆时针旋转90°	Ctrl+Shift+7
取消变形	Ctrl+Shift+Z
移至顶层	Ctrl+Shift+Up
上移一层	Ctrl+Up
下移一层	Ctrl+Down
移至底层	Ctrl+Shift+Down
锁定	Ctrl+Alt+L
解除全部锁定	Ctrl+Alt+Shift+L
左对齐	Ctrl+Alt+1
水平居中	Ctrl+Alt+2
右对齐	Ctrl+Alt+3
顶对齐	Ctrl+Alt+4
垂直居中	Ctrl+Alt+5
底对齐	Ctrl+Alt+6
按宽度均匀分布	Ctrl+Alt+7
按高度均匀分布	Ctrl+Alt+9
设为相同宽度	Ctrl+Alt+Shift+7
设为相同高度	Ctrl+Alt+Shift+9
相对舞台分布	Ctrl+Alt+8
转换为关键帧	F6
转换为空白关键帧	F7
组合	Ctrl+G
取消组合	Ctrl+Shift+G
分离	Ctrl+B
分散到图层	Ctrl+Shift+B

6.【文本】菜单

命令	快捷键
正常	Ctrl+Shift+P
粗体	Ctrl+Shift+B
斜体	Ctrl+Shift+I
左对齐	Ctrl+Shift+L
居中对齐	Ctrl+Shift+C
右对齐	Ctrl+Shift+R
两端对齐	Ctrl+Shift+J
增加间距	Ctrl+Alt+Right
减小间距	Ctrl+Alt+Left
重置间距	Ctrl+Alt+Up

7.【控制】菜单

命令	快捷键
播放	Enter
后退	Ctrl+Alt+R
单步向前	。
单步向后	,
测试影片	Ctrl+Enter
调试影片	Ctrl+Shift+Enter
测试场景	Ctrl+Alt+Enter
启用简单按钮	Ctrl+A

8.【窗口】菜单

命令	快捷键
新建窗口	Ctrl+Alt+N
时间轴	Ctrl+Alt+T
工具	Ctrl+F2
解答	Alt+F1
属性	Ctrl+F3
对齐	Ctrl+K
混色器	Shift+F9
颜色样本	Ctrl+F9
信息	Ctrl+I
场景	Shift+F2
变形	Ctrl+T
动作	F9

调试器	Shift+F4	下移一层	Ctrl+↓
影片浏览器	Alt+F3	移至底层	Ctrl+Shift+↓
脚本参考	Shift+F1	锁定	Ctrl+Alt+L
输出	F2	解除全部锁定	Ctrl+Shift+Alt+L
辅助功能	Alt+F2	左对齐	Ctrl+Alt+1
组件	Ctrl+F7	水平居中	Ctrl+Alt+2
组件参数	Alt+F7	右对齐	Ctrl+Alt+3
库	Ctrl+L	顶对齐	Ctrl+Alt+4
显示/隐藏时间轴	Ctrl+Alt+T	垂直居中	Ctrl+Alt+5
显示/隐藏工作区以外部分	Ctrl+Shift+W	底对齐	Ctrl+Alt+6
显示/隐藏标尺	Ctrl+Shift+Alt+R	按宽度均匀分布	Ctrl+Alt+7
显示/隐藏网格	Ctrl+'	按高度均匀分布	Ctrl+Alt+9
对齐网格	Ctrl+Shift+'	设为相同宽度	Ctrl+Shift+Alt+7
编辑网络	Ctrl+Alt+G	设为相同高度	Ctrl+Shift+Alt+9
显示/隐藏辅助线	Ctrl+;	相对舞台分布	Ctrl+Alt+8
锁定辅助线	Ctrl+Alt+;	转换为关键帧	F6
对齐辅助线	Ctrl+Shift+;	转换为空白关键帧	F7
编辑辅助线	Ctrl+Shift+Alt+G	组合	Ctrl+G
对齐对象	Ctrl+Shift+/	取消组合	Ctrl+Shift+G
显示形状提示	Ctrl+Alt+H	打散分离对象	Ctrl+B
显示/隐藏边缘	Ctrl+H	分散到图层	Ctrl+Shift+D
显示/隐藏面板	F4	字体样式设置为正常	Ctrl+Shift+P
转换为元件	F8	字体样式设置为粗体	Ctrl+Shift+B
新建元件	Ctrl+F8	字体样式设置为斜体	Ctrl+Shift+I
新建空白帧	F5	文本左对齐	Ctrl+Shift+L
新建关键帧	F6	文本居中对齐	Ctrl+Shift+C
删除帧	Shift+F5	文本右对齐	Ctrl+Shift+R
删除关键帧	Shift+F6	文本两端对齐	Ctrl+Shift+J
显示/隐藏场景工具栏	Shift+F2	增加文本间距	Ctrl+Alt+→
修改文档属性	Ctrl+J	减小文本间距	Ctrl+Alt+←
优化	Ctrl+Shift+Alt+C	重置文本间距	Ctrl+Alt+↑
添加形状提示	Ctrl+Shift+H	播放/停止动画	Enter
缩放与旋转	Ctrl+Alt+S	后退	Ctrl+Alt+R
顺时针旋转90°	Ctrl+Shift+9	单步向前	>
逆时针旋转90°	Ctrl+Shift+7	单步向后	<
取消变形	Ctrl+Shift+Z	测试影片	Ctrl+Enter
移至顶层	Ctrl+Shift+↑	调试影片	Ctrl+Shift+Enter
上移一层	Ctrl+↑	测试场景	Ctrl+Alt+Enter

启用简单按钮	Ctrl+Alt+B	显示/隐藏脚本参考	Shift+F1
新建窗口	Ctrl+Alt+N	显示/隐藏输出面板	F2
显示/隐藏工具面板	Ctrl+F2	显示/隐藏辅助功能面板	Alt+F2
显示/隐藏时间轴	Ctrl+Alt+T	显示/隐藏组件面板	Ctrl+F7
显示/隐藏属性面板	Ctrl+F3	显示/隐藏组件参数面板	Alt+F7
显示/隐藏解答面板	Ctrl+F1	显示/隐藏库面板	F11
显示/隐藏对齐面板	Ctrl+K		

显示/隐藏混色器面板	Shift+F9	A	箭头	L	套索
显示/隐藏颜色样本面板	Ctrl+F9	N	直线	T	文字
显示/隐藏信息面板	Ctrl+I	O	椭圆	R	矩形
显示/隐藏场景面板	Shift+F2	P	铅笔	B	笔刷
显示/隐藏变形面板	Ctrl+T	I	墨水瓶	U	油漆桶
显示/隐藏动作面板	F9	D	滴管	E	橡皮擦
显示/隐藏调试器面板	Shift+F4	H	手掌	M	放大镜
显示/隐藏影版浏览器	Alt+F3				

附录 B　决策分组与检查评估表格样板

决策分组

分组并选出小组负责人。写实训计划。

实训任务		计划完成时间	
小组成员		组长	
实训计划			

检查评估

成员自查、组织互查、教师抽查。

检查方式	成员自查	组织互查	教师抽查
成绩等级 （A：优秀；B：良好；C：及格；D：不及格）			